国防工业出版社

国防科技图书出版基金

樊尚春 著

轴对称壳谐振陀螺

Axisymmetric Shell Resonator Gyroscopes

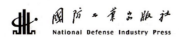

国防工业出版社

National Defense Industry Press

图书在版编目(CIP)数据

轴对称壳谐振陀螺 / 樊尚春著. —北京:国防工业出版社,
2013.1

(航天器和导弹制导、导航与控制丛书)

ISBN 978 - 7 - 118 - 08574 - 7

Ⅰ. ①轴… Ⅱ. ①樊… Ⅲ. ①航天器 – 轴对称体 –
壳体(结构) – 振动陀螺仪 Ⅳ. ①V241.5

中国版本图书馆 CIP 数据核字(2013)第 007529 号

轴对称壳谐振陀螺

著　　　者　樊尚春
责 任 编 辑　王　华
出 版 发 行　国防工业出版社(010 – 88540717　010 – 88540777)
地 址 邮 编　北京市海淀区紫竹院南路 23 号,100048
经　　　售　新华书店
印　　　刷　北京嘉恒彩色印刷有限责任公司
开　　　本　710×960　1/16
印　　　张　13½
印　　　数　1 – 2500 册
字　　　数　192 千字
版 印 次　2013 年 1 月第 1 版第 1 次印刷

定　　　价　75.00 元　　　　　　　(本书如有印装错误,我社负责调换)

致读者

本书由国防科技图书出版基金资助出版。

国防科技图书出版工作是国防科技事业的一个重要方面。优秀的国防科技图书既是国防科技成果的一部分，又是国防科技水平的重要标志。为了促进国防科技和武器装备建设事业的发展，加强社会主义物质文明和精神文明建设，培养优秀科技人才，确保国防科技优秀图书的出版，原国防科工委于 1988 年初决定每年拨出专款，设立国防科技图书出版基金，成立评审委员会，扶持、审定出版国防科技优秀图书。

国防科技图书出版基金资助的对象是：

1. 在国防科学技术领域中，学术水平高，内容有创见，在学科上居领先地位的基础科学理论图书；在工程技术理论方面有突破的应用科学专著。

2. 学术思想新颖，内容具体、实用，对国防科技和武器装备发展具有较大推动作用的专著；密切结合国防现代化和武器装备现代化需要的高新技术内容的专著。

3. 有重要发展前景和有重大开拓使用价值，密切结合国防现代化和武器装备现代化需要的新工艺、新材料内容的专著。

4. 填补目前我国科技领域空白并具有军事应用前景的薄弱学科和边缘学科的科技图书。

国防科技图书出版基金评审委员会在总装备部的领导下开展工作，负责掌握出版基金的使用方向，评审受理的图书选题，决定资助的图书选题和资助金额,以及决定中断或取消资助等。经评审给予资助的图书,由总装备部国防工业出版社列选出版。

国防科技事业已经取得了举世瞩目的成就。国防科技图书承担着记载和弘扬这些成就,积累和传播科技知识的使命。在改革开放的新形势下,原国防科工委率先设立出版基金,扶持出版科技图书,这是一项具有深远意义的创举。此举势必促使国防科技图书的出版随着国防科技事业的发展更加兴旺。

设立出版基金是一件新生事物,是对出版工作的一项改革。因而,评审工作需要不断地摸索、认真地总结和及时地改进,这样,才能使有限的基金发挥出巨大的效能。评审工作更需要国防科技和武器装备建设战线广大科技工作者、专家、教授,以及社会各界朋友的热情支持。

让我们携起手来,为祖国昌盛、科技腾飞、出版繁荣而共同奋斗!

国防科技图书出版基金
评审委员会

《航天器和导弹制导、导航与控制》丛书编委会

顾　　问　陆元九*　屠善澄*　梁思礼*

主 任 委 员　吴宏鑫*

副主任委员　房建成
（执行主任）

■ **委员**（按姓氏笔画排序）

马广富	王　华	王　辉	王　巍	王子才*
王晓东	史忠科	包为民*	邢海鹰	孙柏林
孙承启	孙敬良*	孙富春	孙增圻	任　章
任子西	向小丽	刘　宇	刘良栋	刘建业
汤国建	严卫钢	李俊峰	李济生*	李铁寿
杨树兴	杨维廉	吴　忠	吴宏鑫*	吴森堂
余梦伦*	张广军	张天序	张为华	张春明
张弈群	张履谦*	陆宇平	陈士橹*	陈义庆

陈定昌* 　陈祖贵 　周　军 　周东华 　房建成

孟执中* 　段广仁 　侯建文 　姚　郁 　秦子增

夏永江 　徐世杰 　殷兴良 　高晓颖 　郭　雷*

郭　雷 　唐应恒 　黄　琳* 　黄培康* 　黄瑞松*

曹喜滨 　崔平远 　梁晋才* 　韩　潮 　曾广商*

樊尚春 　魏春岭

常务委员 （按姓氏笔画排序）

孙柏林 　任子西 　吴　忠 　吴宏鑫* 　吴森堂

张天序 　陈定昌* 　周　军 　房建成 　孟执中*

姚　郁 　夏永江 　高晓颖 　郭　雷 　黄瑞松*

魏春岭

秘　书 　全　伟 　宁晓琳 　崔培玲 　孙津济 　郑　丹

注：人名有 * 者均为院士。

总 序

　　航天器(Spacecraft)是指在地球大气层以外的宇宙空间(太空),按照天体力学的规律运行,执行探索、开发或利用太空及天体等特定任务的飞行器,例如人造地球卫星、飞船、深空探测器等。导弹(Guided Missile)是指携带有效载荷,依靠自身动力装置推进,由制导和导航系统导引控制飞行航迹,导向目标的飞行器,如战略/战术导弹、运载火箭等。

　　航天器和导弹技术是现代科学技术中发展最快,最引人注目的高新技术之一。它们的出现使人类的活动领域从地球扩展到太空,无论是从军事还是从和平利用空间的角度都使人类的认识发生了极其重大的变化。

　　制导、导航与控制(Guidance Navigation and Control,GNC)是实现航天器和导弹飞行性能的系统技术,是飞行器技术最复杂的核心技术之一,是集自动控制、计算机、精密机械、仪器仪表以及数学、力学、光学和电子学等多领域于一体的前沿交叉科学技术。

　　中国航天事业历经50多年的努力,在航天器和导弹的制导、导航与控制技术领域取得了辉煌的成就,达到了世界先进水平。这些成就不仅为增强国防实力和促进经济发展起了重大作用,而且也促进了相关领域科学技术的进步和发展。

　　1987年出版的《导弹与航天丛书》以工程应用为主,体现了工程的系统性和实用性,是我国航天科技队伍30年心血凝聚的精神和智慧成果,是多种专业技术工作者通力合作的产物。此后20余年,我国航天器和导弹的制导、导航与控制技术又有了突飞猛进的发展,取得了许多创新性成果,这些成果是航天器和导弹的制导、导航与控制领域的新理论、新方法和新技术的集中体现。为适应新形势的需要,我们决定组织撰写出版《航天器和导弹制导、导航与控制》丛书。本丛书以基础性、前瞻性和创新性研究成果为主,突出工程应用中的关键技术。这套丛书不仅是新理论、新方法、新技术的总结与提炼,而且希望推动这些理论、方法和技术在工程中推广应用,更希望通过"产、学、研、用"相结合的方式使我国制导、导航与控制技术研究取得更大进步。

本丛书分两个部分:第一部分是制导、导航与控制的理论和方法;第二部分是制导、导航与控制的系统和器部件技术。

本丛书的作者主要来自北京航空航天大学、哈尔滨工业大学、西北工业大学、国防科学技术大学、清华大学、北京理工大学、华中科技大学和南京航空航天大学等高等学校,中国航天科技集团公司和中国航天科工集团公司所属的研究院所,以及"宇航智能控制技术"、"空间智能控制技术"、"飞行控制一体化技术"、"惯性技术"和"航天飞行力学技术"等国家级重点实验室,而且大多为该领域的优秀中青年学术带头人及其创新团队的成员。他们根据丛书编委会总体设计要求,从不同角度将自己研究的创新成果,包括一批获国家和省部级发明奖与科技进步奖的成果撰写成书,每本书均具有鲜明的创新特色和前瞻性。本丛书既可为从事相关专业技术研究和应用领域的工程技术人员提供参考,也可作为相关专业的高年级本科生和研究生的教材及参考书。

为了撰写好该丛书,特别聘请了本领域德高望重的陆元九院士、屠善澄院士和梁思礼院士担任丛书编委会顾问。编委会由本领域各方面的知名专家和学者组成,编著人员在组织和技术工作上付出了很多心血。本丛书得到了中国人民解放军总装备部国防科技图书出版基金资助和国防工业出版社的大力支持。在此一并表示衷心感谢!

期望这套丛书能对我国航天器和导弹的制导、导航与控制技术的人才培养及创新性成果的工程应用发挥积极作用,进一步促进我国航天事业迈向新的更高的目标。

丛书编委会
2010 年 8 月

前　言

陀螺仪是在惯性空间测量运动体旋转角度或角速度的传感器。经典的陀螺仪是按动量守恒原理,利用高速旋转的质量所具有的定轴性和进动性制成的。由于其框架支承上存在摩擦力矩,因此其仪表会产生漂移误差。为了从根本上避免机械摩擦,人们一直在寻求没有高速转子和活动支承的角速率和角位置传感器。谐振陀螺就是其中一种。

谐振陀螺的敏感部件是一个处于谐振状态的机械结构,称为谐振子。当谐振子随载体旋转时,哥氏效应引起敏感结构振型的"移动"是其对"旋转"敏感的基本原理。谐振子有多种形式,如振弦、音叉、质量块—梁组合结构、轴对称壳等。其中以由圆柱壳、半球壳等构成的轴对称壳谐振陀螺是目前综合性能最好的,在许多实际系统中获得成功应用。

谐振陀螺工作的前提是谐振子以其固有频率作持续振动。根据维持轴对称壳体谐振的不同方式,作者定义了"接触式"和"非接触式"谐振陀螺。相对而言,前者结构简单,价格低廉,但精度不高。后者最具代表性的典型构造就是半球谐振陀螺(Hemispherical Resonator Gyro,HRG)。国际上,美国从1978年开始研制HRG,先后研制了几个系列,其精度已达惯导级,俄罗斯也对这种陀螺进行了研究。

国内从20世纪80年代中期开始对这种谐振陀螺开始研究,在理论研究、实验研究、针对系统实现的实验测试等方面做了许多工作。本书试图以谐振敏感结构、激励方式、工作模式、陀螺系统为线索,建立起轴对称壳谐振陀螺的设计理论和计算方法。

本书有关轴对称壳谐振陀螺理论方面的研究内容,是作者20多年的积累,书中的研究方法、部分研究结果对于开展这类陀螺的深入研究具有理论指导意义和工程实践参考价值。

　　本书所涉及的研究内容,得到国家自然科学基金和国家"863 计划"的资助。特致谢!

　　本书由北京航空航天大学仪器科学与光电工程学院樊尚春教授完成。

　　在作者开展本书所涉及内容的研究过程中,参考并引用了一些专家学者论著的有关内容。汪顺亭院士、王巍研究员、房建成教授审阅了书稿并提出了许多宝贵意见与建议,在此一并表示衷心感谢。

　　谐振陀螺技术领域内容广泛且发展迅速,由于作者学识、水平有限,书中错误与不妥之处,敬请读者批评指正。

　　作者联系方式:shangcfan@ buaa. edu. cn;010 - 82338323。

作者

2012 年 9 月

目 录
CONTENTS

第 1 章
绪　论

▶1.1　概　述

  谐振陀螺是一种没有高速转子和活动支承的陀螺仪。它是利用谐振子旋转产生的哥氏效应(Coriolis effect)引起振型的移动来实现转角或转速测量的,具有体积小、质量轻、功耗低、启动时间短、时间常数长、抗干扰能力强等优点。谐振陀螺技术近几年发展很快,已经引起惯性技术界及其他应用领域的重视。

  法国实验物理学家傅科(J. Foucault,1819—1868)在 1851 年研制的傅科摆(Foucault pendulum)是最早用来检测地球旋转的装置(图 1 - 1),被认为是

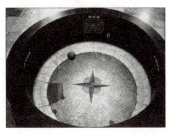

图 1 - 1　傅科摆

最早的谐振陀螺。根据谐振陀螺敏感结构及其工作机理的不同实现方式,谐振陀螺可以分为单一谐振子式、对偶谐振子式、微机械式(MEMS)和谐振壳式等。

(1)单一谐振子式陀螺仪是最简单的一种谐振陀螺。图1-2给出了其原理简图,包括一个质量为 m 的质点谐振子和弹性支承。谐振子 m 在系统不旋转时仅在 x 方向运动,当系统绕 z 轴以 Ω 旋转时,将产生沿 y 轴的哥氏力。这时,谐振子不仅在 x 方向运动,还有 y 方向的运动。因此,利用该系统在谐振时 y 轴的运动可以测量绕 z 轴的旋转角速度 Ω。实际工作时,它需要有 x 方向的外界激励力 $Pe^{i\omega t}$,使质点小球 m 和弹性支承组成的谐振子处于谐振状态,

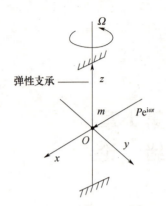

图1-2　单一谐振子式谐振陀螺
原理简图

这实现起来很困难,且系统受外界过载的影响大。这是其固有的缺点。基于这一原理,可以实现单音叉式的谐振陀螺。同时,这种陀螺可以考虑采用闭环工作模式以及如图1-3所示的二阶谐振工作模式。研究表明,二阶谐振工作模式能够提高系统对外界因素的抗干扰能力,有利于提高测量精度。

(2)对偶谐振子式陀螺的典型结构形式如图1-4所示。其工作原理是:音叉在 yz 平面内作谐振运动,中心轴为 z;当有绕 z 轴的角速度 Ω 时,将产生一对平行于 xz 平面的哥氏力,并对 z 轴形成一个力矩,于是利用哥氏效应便可以

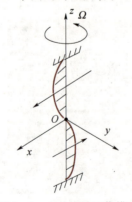

图1-3　二阶振动工作模式

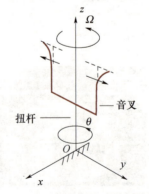

图1-4　对偶谐振子式谐振陀螺

测出绕 z 轴的角速度 Ω。美国和英国在 20 世纪 50～60 年代这方面曾做了大量的工作,得到了优于 1°/h 的精度。虽然对偶谐振子式陀螺取得了极大的进展,但其最大缺点是:由 Ω 引起的误差较大,对温度变化也很敏感,音叉轴向过载会引起谐振频率的变化。因此其实用价值受到限制。

（3）微机械式谐振陀螺,即 MEMS 谐振陀螺,基于采用微机械加工工艺制作的质量块—梁组合结构,该结构在其固有的谐振状态下产生哥氏效应实现测量旋转角速度。图 1-5 给出了这类陀螺的原理结构图,包括一个质量块和复合弹性支承。谐振子 m 在系统不旋转时仅在 x 轴作谐振运动,当系统绕 z 轴以 Ω 旋转时,将产生沿 y 轴的哥氏力。这时,谐振子不仅有 x 方向的运动,还有 y 方向的运动。因此,利用该系统在谐振时 y 轴的运动可以测量绕 z 轴的旋转角速度 Ω。实际检测角速度 Ω 时,主要有两种方式。一种是检测其位移,例如通过微小位移的变化引起微弱电容的变化来检测;另一种是检测敏感系统在 y 轴方向的简谐振动的频率,从而实现复合调频工作模式的 MEMS 陀螺,这类陀螺可以直接输出频率量,是真正意义上的谐振陀螺。直接输出频率量的 MEMS 谐振陀螺,加工难度大,控制系统和信号解算系统复杂。

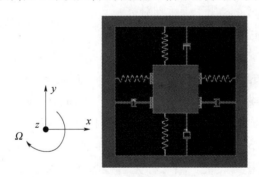

图 1-5　MEMS 谐振陀螺原理结构

MEMS 谐振陀螺具有 MEMS 器件的一些优点,最重要的是价格低廉、体积小、响应快、功耗低,但整体性能指标还不是很高。采用电容检测原理的 MEMS 谐振陀螺主要用于低精度、低成本的应用场合,如在低成本制导武器系统、汽车电子等方面获得了成功应用。而对于直接输出频率量的 MEMS 谐振陀螺,还没有研制出具有较好性能的样机,要想实际应用还有一些理论问题和许多关键技术需要突破。随着科学技术的发展,MEMS 谐振陀螺的整体性能必将获得突破,将具有越来越大的应用价值。

（4）谐振壳式陀螺又称轴对称壳谐振陀螺,其敏感结构为轴对称壳,如圆柱壳、半球壳等。这种谐振陀螺利用处于谐振状态的轴对称壳体绕中心轴旋转引起的哥氏效应,实现测量角度或角速度。轴对称壳谐振陀螺克服了上述几种形式的谐振陀螺的固有缺陷,是目前整体性能最高的谐振陀螺,已在一些实际系统中获得了成功应用。

▶ 1.2　轴对称壳谐振陀螺的基本结构与工作模式

轴对称壳谐振陀螺的基本结构如图1-6所示,主要包括三个部分:

（1）敏感部分 R 。是一个轴对称壳谐振子,即工作于固有谐振状态的轴对承壳,为谐振陀螺的核心。谐振子振动时旋转引起的特性是构成轴对称壳谐振陀螺的关键。因此关于轴对称壳谐振陀螺原理的分析、研究将围绕着轴对称壳谐振子进行。

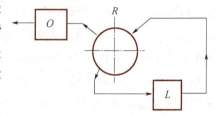

（2）激励回路 L 。用于维持轴对称壳谐振子的谐振状态。从功能上激励回路至少包括谐振敏感单元、拾振单元、放大单元和激励单元。轴对称壳谐振陀螺只有在它谐振的情况下才能工作,所以如何维持谐振子持续等幅振动是非常重要的技术手段。不同的技术手段,不仅影响谐振子旋转时的动力学特性,还将大大影响到轴对称壳谐振陀螺的性能指标、价格以及应用场合等。

图1-6　轴对称壳谐振陀螺的基本结构

（3）输出环节 O 。它是实现处于旋转的轴对称壳谐振子动力学特性能否用来检测角信息的关键。轴对称壳谐振陀螺技术性能的提高,除了取决于性能优良的谐振子 R 、稳定可靠的激励回路 L 外,检测环节的选取至关重要。

实际应用中,维持轴对称壳谐振子持续振动的措施就是要对谐振子不断地补充能量,即要有激励力作用于谐振子上。

激励方式通常有两种。一种是激励力作用于壳体环向的固定点上;另一种是激励力等效地作用于振型的"波腹"上,且能量的补充与谐振子的固有振动合拍,使谐振子处于一种等效的自由谐振状态,称其为"准自由谐振状态"。这种补充能量的方式要比前者复杂,技术实现难度大。

上述两种不同的激励方式构成了两种不同原理的谐振陀螺。它们的性能指标、价格和应用也相差甚远。本书称前者为"接触式"测量方案,构成的陀螺称为接触式轴对称壳谐振陀螺;后者为"非接触式"测量方案,构成的陀螺称为非接触式轴对称壳谐振陀螺。

1.3 接触式轴对称壳谐振陀螺

对于接触式轴对称壳谐振陀螺,图 1-7 给出了系统实现的方案。其中 K_1 为锁相环节,K_2 为低通滤波放大器,K_1、K_2 构成了激励回路的放大环节。K_3 为低通滤波器,构成阻尼回路。K_4 为输出环节,具有鉴相作用。图 1-8 给出了接触式轴对称壳谐振陀螺的另一种系统实现方案,K_1、K_2、K_3 的作用同图 1-7。在这两种方案中,A、B、C、D、A'、B'、C'、D' 点处激励源和敏感源都是压电换能元件,直接贴于圆柱壳谐振子的自由端。这种接触式轴对称壳谐振陀螺虽然精度不很高,但其结构简单,功耗低,体积较小,可承受较大的冲击,具有良好的线性度,无迟滞,价格低廉。

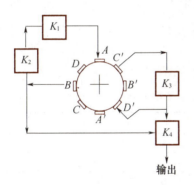

图 1-7 "接触式"测量方案之一

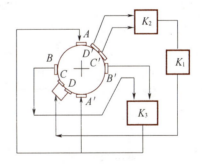

图 1-8 "接触式"测量方案之二

1.4 非接触式轴对称壳谐振陀螺

非接触式轴对称壳谐振陀螺典型的构造就是半球谐振陀螺(Hemispherical Resonator Gyro,HRG)。图 1-9 给出了其结构图,主要包括真空密封罩,环形电极,控制电极,半球壳谐振子,电容传感器,真空密封底座。

20 世纪 70 年代末,美国 Delco System Operation 以 J. L. Loper 和 D. D.

Lynch 为代表的科研人员开始研制 HRG,1978 年—1986 年期间就发展了 5 个阶段,如表 1 - 1 所列。对 HRG32 系列,其测试结果表明已达到很高的精度,见表 1 - 2。表 1 - 3 列出了 Delco System Operation 研制的 HRG 样机的部分实测数据,提供的谐振子直径分别为 15mm、30mm、58mm。可以看出:对于所比较的系列,谐振子直径增加,衰减时间(即时间常数)变长,精度提高,即性能更优。

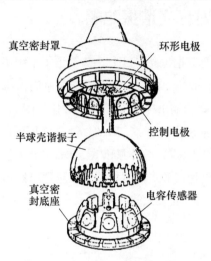

图 1 - 9 半球谐振陀螺结构

表 1 - 1 1978 年—1986 年研制的系列

年 代	研 制 系 列
1978—1979	HRG10
1981—1982	HRG20
1982—1983	HRG30
1983—1984	HRG32
1985—1986	HRG130, HRG115

表 1 - 2 HRG32 性能

读出模拟精度	$0.5''$
漂移速率不稳定性	$0.005°/h$
角度随机游走	$6.5 \times 10^{-5}°/h^{1/2}$
速率随机游走	$1.9 \times 10^{-3}°/h^{1/2}$
标度因子不稳定性	0.02×10^{-6}

表1-3 不同直径谐振子的 HRG 性能比较

特性 \ 型号	HRG158	HRG130	HRG115
谐振频率/Hz	2700	5200	10000
衰减时间①/s	1660	440	110
陀螺最大直径/mm	91.44	45.72	22.86
陀螺最大高度/mm	101.6	50.8	25.4
陀螺质量/g	453.60	56.70	7.087
谐振子直径/mm	58	30	15
漂移重复性/(°/h)	0.005	0.05	0.7
漂移重复性偏差/(°/h)	0.0003	0.003	0.05
角度随机游走/(°/$\sqrt{h}$)	0.00006	0.0003	0.002
标度因子重复性/$\times 10^{-6}$	0.02	0.02	0.02

① 可参见附录A

　　小直径的 HRG 在商业上和军事上可以满足特殊用户的要求。如谐振子直径为30mm 的 HRG130,它可以作为惯性参考系统(Inertial Reference System, IRS)中的陀螺仪,其体积为491.6cm^3,可以用于中等精度飞机的导航(1.0 n mile/h)系统,也可以作为战略防御拦截导弹、战术导弹、返回式运载器的精密制导系统。此外,HRG130 还可以用在战略防卫拦截导弹的三轴姿态系统中,这样的系统所占空间为196.6 cm^3。对于谐振子直径为15mm 的 HRG115,由它组成的三轴姿态系统仅为49.2 cm^3,可以用于功耗、尺寸、成本及寿命均有苛刻要求的场合。如用于动能武器,也可以用在以非常大的加速度发射的运载器和有强核辐射干扰的场合。

　　HRG 的主要特点是:

　　(1) 能承受核爆炸的影响和电源中断的影响。这是 HRG 最突出的优点,如 Delco System Operation 研制的 HRG158,其衰减时间长达27min。这是一个很吸引人的指标。

　　(2) 能承受大的机动过载。过载达100g 时,精度不降,达500g 时仍能正常工作,只是精度略低些。

　　(3) 无需加热,启动时间短,可在1s 内达到完满工作状态,且具有很高的对准精度。

（4）噪声很低，信号频带很宽，具有长期稳定性。

（5）具有全旋转角记忆功能。

1.5 本书的主要内容

本书从实际轴对称壳体边界结构出发，系统建立了旋转状态下的任意轴对称壳的动力学方程。用有限元法和近似解析法（基于 Lord Rayleigh 条件（L. R. C））研究圆柱壳和半球壳（图 1 - 10（a）、（b））的谐振频率和环向振型随"旋转"的变化规律；研究了轴对称壳体结构形式、几何参数的选择、计算以及有关的误差分析；研究了实现谐振陀螺系统的方案；用激光全息度量法研究了轴对称壳谐振时的动力学特性；为轴对称壳谐振陀螺提供设计理论。

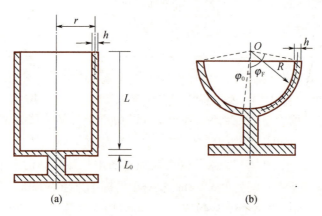

图 1 - 10 顶端开口的圆柱壳与半球壳

（a）圆柱壳结构；（b）半球壳结构。

1.5.1 轴对称壳动力学特性研究

轴对称壳动力学特性研究涉及的主要问题包括：

（1）底端的结构形式对其振动特性的影响；

（2）不同旋转条件下的振动特性；

（3）壳体参数对其振动特性的影响。

问题（1）将说明顶端开口、底端约束（图 1 - 10）结构形式的轴对称壳，其动力学特性的主要特征是什么；底端约束条件变化时动力学特性如何变化；实际选用约束形式时应注意哪些问题。

问题(2)将说明这种形式的轴对称壳敏感旋转的物理机理是什么;调制了轴对称壳谐振子的哪些特性;哥氏效应是如何体现的;旋转对谐振特性的影响程度有多大;在实际中如何应用旋转对谐振特性的影响规律。

问题(3)将说明在实际选择谐振子时,壳体参数选取的一些准则,加工壳体时应注意的技术要求。

1.5.2 实际应用的轴对称壳动力学特性分析

针对几种典型的情况研究实际应用的轴对称壳的动力学特性,主要是为了解决实际应用中,轴对称壳存在的一些问题。

(1)研究壳体可能存在的两类缺陷对其振动特性的影响,并对典型的圆柱壳和半球壳进行必要的比较。根据缺陷对壳体谐振特性的影响可以指导设计者如何选用谐振子,哪些缺陷必须根除,哪些缺陷应限制在什么范围,进而可以对谐振子的加工精度、工艺处理等提出具体要求。

(2)研究壳体顶端周边有均匀小槽这一特殊结构形式对其振动特性的影响,详细讨论小槽的数目,在环向挖去的比例和在母线方向所挖的深度等实际问题。这个问题是针对壳体有缺陷时,如何从壳体结构上进行弥补而引出的。并详细对有均匀小槽的半球壳谐振子进行深入研究。

(3)研究带有支承杆的实际半球壳的谐振特性。讨论三种典型的支承形式对实际半球壳谐振子振动特性的影响规律,为优化设计轴对称壳谐振子提供理论依据。

1.5.3 轴对称壳谐振陀螺系统实现的研究

主要研究"接触式"和"非接触式"轴对称壳谐振陀螺系统实现的有关问题。给出了维持谐振子振动的激励回路的方案,测量"旋转"的检测回路的方案,它们需要哪些技术手段,可能出现的测量误差等问题。根据有关研究结论,论述了在非接触式轴对称壳谐振陀螺中,选择轴对称壳谐振子时应注意的几个基本问题。

1.5.4 轴对称壳谐振陀螺工作机理的实验研究

主要包括以下内容:

（1）轴对称壳振动模态的确定。其中对振型的确定主要是对环向波数 n 和波形的确定。这是开展环向振型进动特性实验研究的基础。

（2）轴对称壳体绕中心轴旋转时，环向振型的变化规律。确定壳体旋转时环向振型的进动规律和应选取的最佳环向振型。

（3）接触式轴对称壳谐振陀螺系统中若干问题的实验研究。研究在接触式轴对称壳谐振陀螺中，哥氏效应是如何检测的，系统中几个重要环节的作用。

对于非接触式轴对称壳谐振陀螺的敏感机理，给出了利用激光全息干涉度量法进行实验研究的有关结果。根据全息干涉真实记录下来的轴对称壳体的振动特性的信息研究了轴对称壳体的振动特性和在"自由谐振状态"下的环向振型进动特性。

通过实验研究，一方面验证有关的理论研究的结论；另一方面可以得到有关振动特性的直观认识，发现实际问题，为研制非接触式轴对称壳谐振陀螺提供可靠的理论依据。

第 2 章
旋转的轴对称壳的振动

▶2.1 简述

利用机械谐振技术作为测量原理的传感器,近年来发展很快,应用领域也越来越广,如圆柱谐振筒式压力传感器、谐振筒液体密度计、轴对称壳谐振陀螺等。这些传感器均以薄壁轴对称壳作为敏感元件。在工作中,以轴对称壳自身某种固有振动模态谐振,被测量调制轴对称壳的振动频率或振型实现测量。因此,详细分析、研究谐振子的振动特性是设计、研制这类传感器必不可少的基础性工作。

谐振陀螺测量绕惯性空间轴旋转的角度或角速度,因此应研究轴对称壳旋转时,其振动模态的变化规律,以便掌握轴对称壳谐振陀螺敏感旋转的物理机制。

本章主要研究处于旋转状态下的轴对称壳谐振子的谐振频率的有关问题:

(1)用有限元法建立轴对称壳沿任意方向旋转时的动力学方程;

(2)满足 L. R. C 进行的近似解析解,给出谐振频率工程用的近似计算公式;

（3）分析边界条件即谐振子边界结构形式对谐振子振动的影响；

（4）"旋转"对谐振子振动的影响；

（5）谐振子参数变化对振动的影响。

关于轴对称壳旋转时环向振型的变化情况，根据轴对称壳谐振陀螺的具体工作原理进行分析、研究。接触式轴对称壳谐振陀螺在第 5 章分析、研究，非接触式轴对称壳谐振陀螺在第 3 章分析、研究。

2.2 旋转的轴对称壳的动力学方程

本节建立轴对称壳旋转时的动力学方程，为下面采用各种方法进行分析做准备。

图 2－1 是轴对称壳的数学模型。壳体的壁厚、中面半径、母线方向的弧长分别为 $h(s)$、$r(s)$、L；壳体材料的弹性模量、泊松比、密度分别为 E、μ、ρ。s 为在母线方向的坐标，X 为轴对称壳的中心轴，θ 为环线方向的坐标。

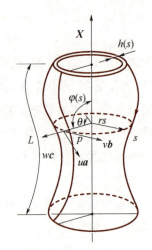

图 2－1　轴对称壳数学模型

壳体上任一点 P 处的位移为

$$V = ua + vb + wc \tag{2－1}$$

式中：u、v、w 分别为母线方向、环线方向、法线方向的位移；a、b、c 为相应的单位动矢量。

P 点处母线方向的曲率半径为 $R(s)$（图中未标出），法线方向 c 与中心轴 X 的夹角为 $\varphi(s)$。

记与中面距离为 z 的曲面为 z 面，z 面上母线方向的正应变 ε_1^z、环线方向正应变 ε_2^z 和这两个方向之间的剪应变 ε_{12}^z 为

$$
\begin{cases}
\varepsilon_1^z = \dfrac{(\varepsilon_1 + z\lambda_1)}{\left(1 + \dfrac{z}{R}\right)} \\[4mm]
\varepsilon_2^z = \dfrac{(\varepsilon_2 + z\lambda_2)}{\left(1 + \dfrac{z\sin\varphi}{r}\right)} \\[4mm]
\varepsilon_{12}^z = \dfrac{(\varepsilon_{12} + z\tau)}{\left[\left(1 + \dfrac{z}{R}\right)\left(1 + \dfrac{z\sin\varphi}{r}\right)\right]}
\end{cases}
\tag{2-2}
$$

中面上的应变为

$$
\begin{cases}
\varepsilon_1 = \dfrac{\partial u}{\partial s} + \dfrac{w}{R} \\[3mm]
\varepsilon_2 = \dfrac{1}{r}\dfrac{\partial v}{\partial \theta} + \dfrac{u}{r}\cos\varphi + \dfrac{w}{r}\sin\varphi \\[3mm]
\varepsilon_{12} = \dfrac{1}{r}\dfrac{\partial u}{\partial \theta} + \dfrac{\partial v}{\partial s} - \dfrac{v}{r}\cos\varphi
\end{cases}
\tag{2-3}
$$

$$
\begin{cases}
\lambda_1 = -\dfrac{\partial^2 w}{\partial s^2} + \dfrac{1}{R}\dfrac{\partial u}{\partial s} + u\dfrac{\mathrm{d}}{\mathrm{d}s}\dfrac{1}{R} \\[3mm]
\lambda_2 = -\dfrac{1}{r^2}\dfrac{\partial^2 w}{\partial \theta^2} - \dfrac{\cos\varphi}{r}\dfrac{\partial w}{\partial s} + u\dfrac{\cos\varphi}{rR} + \dfrac{\sin\varphi}{r^2}\dfrac{\partial v}{\partial \theta} \\[3mm]
\tau = 2\left(-\dfrac{1}{r}\dfrac{\partial^2 w}{\partial s \partial \theta} + \dfrac{\cos\varphi}{r^2}\dfrac{\partial w}{\partial \theta} + \dfrac{1}{rR}\dfrac{\partial u}{\partial \theta} + \dfrac{\sin\varphi}{r}\dfrac{\partial v}{\partial s} - \dfrac{\cos\varphi\sin\varphi}{r^2}v\right)
\end{cases}
\tag{2-4}
$$

考虑到 $\dfrac{h(s)}{R} \ll 1$，$\dfrac{h(s)\sin\varphi}{r} \ll 1$，式（2-2）变为

$$
\begin{cases}
\varepsilon_1^z = \varepsilon_1 + z\lambda_1 \\
\varepsilon_2^z = \varepsilon_2 + z\lambda_2 \\
\varepsilon_{12}^z = \varepsilon_{12} + z\tau
\end{cases}
\tag{2-5}
$$

母线方向的正应力 σ_1、环线方向正应力 σ_2 及这两个方向之间的剪应力

σ_{12} 为

$$\begin{cases} \sigma_1 = \dfrac{E}{1-\mu^2}(\varepsilon_1^z + \mu\varepsilon_2^z) \\[3mm] \sigma_2 = \dfrac{E}{1-\mu^2}(\mu\varepsilon_1^z + \varepsilon_2^z) \\[3mm] \sigma_{12} = \dfrac{E}{2(1+\mu)}\varepsilon_{12}^z \end{cases} \qquad (2-6)$$

壳体的弹性势能为

$$U = \frac{1}{2}\int_V (\varepsilon_1^z \sigma_1 + \varepsilon_2^z \sigma_2 + \varepsilon_{12}^z \sigma_{12}) \mathrm{d}V \qquad (2-7)$$

式中: V 为积分体积。

相应的弹性力做的虚功为

$$\delta W_0 = \delta(-U) \qquad (2-8)$$

利用式(2-5)~式(2-7)可得

$$U = \frac{E}{2(1-\mu^2)}\int_A \left[\varepsilon_1^2 + \varepsilon_2^2 + 2\mu\varepsilon_1\varepsilon_2 + \frac{1-\mu}{2}\varepsilon_{12}^2 + \right.$$
$$\left. \frac{h^2(s)}{12}\left(\lambda_1^2 + \lambda_2^2 + 2\mu\lambda_1\lambda_1 + \frac{1-\mu}{2}\tau^2\right) \right] h(s)\mathrm{d}A \qquad (2-9)$$

式中: A 为积分面积。

利用式(2-3)和式(2-4)可得

$$U = \frac{1}{2}\int_A ([\boldsymbol{B}][\boldsymbol{V}])^{\mathrm{T}}[\boldsymbol{D}]([\boldsymbol{B}][\boldsymbol{V}])h(s)\mathrm{d}A \qquad (2-10)$$

式中:诸矩阵为

$$[\boldsymbol{D}] = \frac{E}{1-\mu^2} \begin{bmatrix} 1 & \mu & 0 & 0 & 0 & 0 \\ \mu & 1 & 0 & 0 & 0 & 0 \\ 0 & 0 & \dfrac{1-\mu}{2} & 0 & 0 & 0 \\ 0 & 0 & 0 & \dfrac{h^2(s)}{12} & \dfrac{h^2(s)}{12}\mu & 0 \\ 0 & 0 & 0 & \dfrac{h^2(s)}{12}\mu & \dfrac{h^2(s)}{12} & 0 \\ 0 & 0 & 0 & 0 & 0 & \dfrac{1-\mu}{24}h^2(s) \end{bmatrix}$$

$$(2-11)$$

$$[V] = \begin{bmatrix} u(\theta,t) & 0 & 0 \\ 0 & v(\theta,t) & 0 \\ 0 & 0 & w(\theta,t) \end{bmatrix} \begin{bmatrix} u(s) \\ v(s) \\ w(s) \end{bmatrix} \qquad (2-12)$$

式中：$u(s)$、$v(s)$、$w(s)$ 为在母线方向上的位移函数。

$$[B] = \begin{bmatrix} \dfrac{\partial}{\partial s} & 0 & \dfrac{1}{R} \\[2mm] \dfrac{\cos\varphi}{r} & \dfrac{1}{r}\dfrac{\partial}{\partial\theta} & \dfrac{\sin\varphi}{r} \\[2mm] \dfrac{1}{r}\dfrac{\partial}{\partial\theta} & \dfrac{\partial}{\partial s}-\dfrac{\cos\varphi}{r} & 0 \\[2mm] \dfrac{1}{R}\dfrac{\partial}{\partial s}+\dfrac{\mathrm{d}}{\mathrm{d}s}\left(\dfrac{1}{R}\right) & 0 & -\dfrac{\partial^2}{\partial s^2} \\[2mm] \dfrac{\cos\varphi}{rR\sin\varphi} & \dfrac{\sin\varphi}{r^2}\dfrac{\partial}{\partial\theta} & -\dfrac{1}{r^2}\dfrac{\partial^2}{\partial\theta^2}-\dfrac{\cos\varphi}{r}\dfrac{\partial}{\partial s} \\[2mm] 2\dfrac{1}{rR}\dfrac{\partial}{\partial\theta} & 2\left(\dfrac{\sin\varphi}{r}\dfrac{\partial}{\partial s}-\dfrac{\cos\varphi\sin\varphi}{r^2}\right) & 2\left(\dfrac{\cos\varphi}{r^2}\dfrac{\partial}{\partial\theta}-\dfrac{1}{r}\dfrac{\partial^2}{\partial s\partial\theta}\right) \end{bmatrix}$$

$$(2-13)$$

当壳体以 $\boldsymbol{\Omega} = \boldsymbol{\Omega}_x + \boldsymbol{\Omega}_{yz}$（图 2-2）旋转时，在旋转的空间来研究问题，这时单位面积上的惯性力为

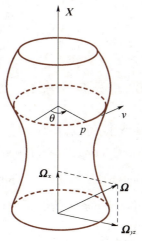

图 2-2　$\boldsymbol{\Omega} = \boldsymbol{\Omega}_x + \boldsymbol{\Omega}_{yz}$ 作用图

$$F = -\rho h(s)(a_u \boldsymbol{a} + a_v \boldsymbol{b} + a_w \boldsymbol{c}) \qquad (2-14)$$

式中

$$\begin{cases} a_u = \dfrac{\partial^2 u}{\partial t^2} + a_u(\Omega) \\[2mm] a_v = \dfrac{\partial^2 v}{\partial t^2} + a_v(\Omega) \\[2mm] a_w = \dfrac{\partial^2 w}{\partial t^2} + a_w(\Omega) \end{cases} \qquad (2-15)$$

引入记号:

$$\frac{\partial}{\partial t}X = X^t, \quad \frac{\partial^2}{\partial t^2}X = X^{tt}$$

式中: X 为泛指的函数; t 为泛指的变量。

于是:

$$\boldsymbol{F}_0 = -\rho h(s)(u^{tt}\boldsymbol{a} + v^{tt}\boldsymbol{b} + w^{tt}\boldsymbol{c})$$
$$\boldsymbol{F}(\Omega) = -\rho h(s)\boldsymbol{a}(\Omega)$$

式中: $\boldsymbol{F}_0$ 为振动惯性力; $\boldsymbol{F}(\Omega)$ 为旋转惯性力; $\boldsymbol{a}(\Omega)$ 为旋转速度 $\boldsymbol{\Omega}$ 引起的加速度。

$$\boldsymbol{a}(\Omega) = \boldsymbol{a}(\Omega_x) + \boldsymbol{a}(\Omega_{yz})$$

式中: $\boldsymbol{a}(\Omega_x)$、$\boldsymbol{a}(\Omega_{yz})$ 分别为 Ω_x、Ω_{yz} 引起的加速度。

总惯性力 $\boldsymbol{F}$ 为振动惯性力 $\boldsymbol{F}_0$ 与旋转惯性力 $\boldsymbol{F}(\Omega)$ 之和,振动惯性力 $\boldsymbol{F}_0$ 引起的虚功为

$$\delta T = \int_A \boldsymbol{F}_0 \delta V \mathrm{d}A \qquad (2-16)$$

式中: δV 为虚位移。

对于旋转惯性力 $\boldsymbol{F}(\Omega)$,应分析、考察 $\boldsymbol{\Omega}_x$、$\boldsymbol{\Omega}_{yz}$ 引起的加速度 $\boldsymbol{a}(\Omega_x)$、$\boldsymbol{a}(\Omega_{yz})$ 的成分。

对于 $\boldsymbol{a}(\Omega_x)$,如图 2-3 所示,可以得到:

$$\begin{aligned} \boldsymbol{a}(\Omega_x) = &-[2v^t\Omega_x\cos\varphi + v\Omega_x^t\cos\varphi + \Omega_x^2(r + w\sin\varphi + u\cos\varphi)\cos\varphi]\boldsymbol{a} + \\ &[2(w^t\sin\varphi + u^t\cos\varphi)\Omega_x + \Omega_x^t(r + w\sin\varphi + u\cos\varphi) - v\Omega_x^2]\boldsymbol{b} + \\ &[-2\Omega_x v^t\sin\varphi - v\Omega_x^t\sin\varphi - \Omega_x^2(r + w\sin\varphi + u\cos\varphi)\sin\varphi]\boldsymbol{c} \\ = &\boldsymbol{a}_0(\Omega_x) + \boldsymbol{a}_e(\Omega_x) \end{aligned}$$

$$(2-17)$$

式中：$a_0(\Omega_x)$ 是与 u、v、w 无关的项，有

$$a_0(\Omega_x) = -\Omega_x^2 r\cos\varphi \boldsymbol{a} + \Omega_x^t r\boldsymbol{b} - \Omega_x^2 r\sin\varphi \boldsymbol{c} \qquad (2-18)$$

它引起初始应变，即引起初始弹性势能，记为 $U_0(\Omega_x)$。

$a_e(\Omega_x)$ 是与 u、v、w 有关的项，即

$$\begin{aligned}
\boldsymbol{a}_e(\Omega_x) = &-[2v^t\Omega_x\cos\varphi + v\Omega_x^t\cos\varphi + \Omega_x^2(w\sin\varphi + u\cos\varphi)\cos\varphi]\boldsymbol{a} + \\
&[2(w^t\sin\varphi + u^t\cos\varphi)\Omega_x + \Omega_x^t(w\sin\varphi + u\cos\varphi) - v\Omega_x^2]\boldsymbol{b} + \\
&[-2\Omega_x v^t\sin\varphi - v\Omega_x^t\sin\varphi - \Omega_x^2(w\sin\varphi + u\cos\varphi)\sin\varphi]\boldsymbol{c}
\end{aligned}$$

$$(2-19)$$

它不引起初始应变，称为"纯外力"项，这个外力做的虚功记为 $\delta W_e(\Omega_x)$。

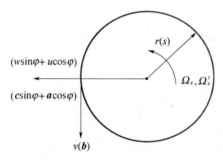

图 2 - 3　$\boldsymbol{\Omega}_x$ 引起的 $\boldsymbol{a}(\Omega_x)$

对于 $\boldsymbol{a}(\Omega_{yz})$（图 2 - 4、图 2 - 5）。为便于推导，设 $\boldsymbol{\Omega}$ 作用于壳体一端的中

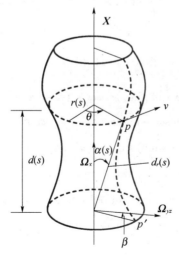

图 2 - 4　$\boldsymbol{\Omega}_x$、$\boldsymbol{\Omega}_{yz}$ 作用示意图

心。p 点是所考虑的点，p 点的投影 p' 与 $\boldsymbol{\Omega}_{yz}$ 的夹角为 β，$d(s)$ 是点 p 所在的环面与 $\boldsymbol{\Omega}_{yz}$ 的距离，p 点到 $\boldsymbol{\Omega}$ 作用点的距离为 $d_r(s)$；$d_r(s)$、$d(s)$、$r(s)$，与夹角 α 的关系是

$$\begin{cases} d_r(s)\sin\alpha = r(s) \\ d_r(s)\cos\alpha = d(s) \end{cases}$$

$\Omega_{yz}\cos\beta$ 引起的旋转加速度为（图 2-5(a)）

$$\begin{aligned} \boldsymbol{a}_1(\boldsymbol{\Omega}_{yz}) = &-2(w^t\cos\varphi - u^t\sin\varphi)\Omega_{yz}\cos\beta\boldsymbol{b} - \\ &[w\sin\varphi - u\sin\varphi + d(s)]\Omega_{yz}^t\cos\beta\boldsymbol{b} - v\Omega_{yz}^2\cos^2\beta\boldsymbol{b} + \\ &2v^t\Omega_{yz}\cos\beta(\boldsymbol{c}\cos\varphi - \boldsymbol{a}\sin\varphi) + v\Omega_{yz}^t\cos\beta(\boldsymbol{c}\cos\varphi - \boldsymbol{a}\sin\varphi)\cdot \\ &[d(s) + w\cos\varphi - u\sin\varphi]\Omega_{yz}^2\cos^2\beta(\boldsymbol{c}\cos\varphi - \boldsymbol{a}\sin\varphi) \end{aligned}$$

$\Omega_{yz}\sin\beta$ 引起的旋转加速度为（图 2-5(b)）

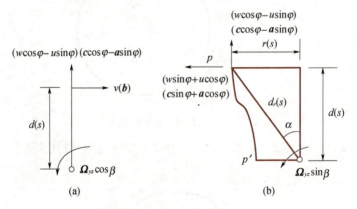

图 2-5　$\boldsymbol{\Omega}_{yz}$ 引起 $\boldsymbol{a}(\Omega_{yz})$

$$\begin{aligned} \boldsymbol{a}_2(\Omega_{yz}) = &\boldsymbol{p}_2\{2[(w^t\cos\varphi - u^t\sin\varphi)\cos\alpha + (w^t\sin\varphi + u^t\cos\varphi)\sin\alpha]\Omega_{yz}\sin\beta + \\ &[d_r(s) + (w\cos\varphi - u\sin\varphi)\cos\alpha + (w\sin\varphi + u\cos\varphi)\sin\alpha]\Omega_{yz}\sin\beta - \\ &[-(w\cos\varphi - u\sin\varphi)\sin\alpha + (w\sin\varphi + u\cos\varphi)\cos\alpha]\Omega_{yz}^2\sin^2\beta\} + \\ &\boldsymbol{p}_1\{-2[(w^t\cos\varphi - u^t\sin\varphi)\sin\alpha + (w^t\sin\varphi + u^t\cos\varphi)\cos\alpha]\Omega_{yz}\sin\beta - \\ &[-(w\cos\varphi - u\sin\varphi)\sin\alpha + (w\sin\varphi + u\cos\varphi)\cos\alpha]\Omega_{yz}^t\sin^2\beta - \\ &[d_r(s) + (w\cos\varphi - u\sin\varphi)\cos\alpha + (w\sin\varphi + u\cos\varphi)\sin\alpha]\Omega_{yz}^2\sin^2\beta\} \end{aligned}$$

式中

$$\boldsymbol{p}_1 = (\boldsymbol{c}\cos\varphi - \boldsymbol{a}\sin\varphi)\cos\alpha + (\boldsymbol{c}\sin\varphi + \boldsymbol{a}\cos\varphi)\cos\alpha$$

$$\boldsymbol{p}_2 = (\boldsymbol{c}\cos\varphi - \boldsymbol{a}\sin\varphi)\sin\alpha + (\boldsymbol{c}\sin\varphi + \boldsymbol{a}\cos\varphi)\sin\alpha$$

利用上面 $\boldsymbol{a}_1(\Omega_{yz})$、$\boldsymbol{a}_2(\Omega_{yz})$ 的表达式,可得

$$
\begin{aligned}
\boldsymbol{a}(\Omega_{yz}) = \boldsymbol{a}_1(\Omega_{yz}) + \boldsymbol{a}_2(\Omega_{yz}) = \\
\{2[w^t\cos(\varphi - \alpha) - u^t\sin(\varphi - \alpha)]\Omega_{yz}\sin\beta + \\
[d_r(s) + w\cos(\varphi - \alpha) - u\sin(\varphi - \alpha)]\Omega_{yz}^t\sin\beta - \\
[w\sin(\varphi - \alpha) + u\cos(\varphi - \alpha)]\Omega_{yz}^2\sin^2\beta\}[\cos(\varphi - \alpha)\boldsymbol{a} + \sin(\varphi - \alpha)\boldsymbol{c}] + \\
\{2[w^t\sin(\varphi - \alpha) + u^t\cos(\varphi - \alpha)]\Omega_{yz}\sin\beta + \\
[w\sin(\varphi - \alpha) + u\cos(\varphi - \alpha)]\Omega_{yz}^t\sin\beta + \\
[d_r(s) + w\cos(\varphi - \alpha) - u\sin(\varphi - \alpha)]\Omega_{yz}^2\sin^2\beta\}[\sin(\varphi - \alpha)\boldsymbol{a} - \cos(\varphi - \alpha)\boldsymbol{c}] + \\
\{-2(w^t\cos\varphi - u^t\sin\varphi)\Omega_{yz}\cos\beta - [w\cos\varphi - u\sin\varphi + d(s)]\Omega_{yz}^t\cos\beta - v\Omega_{yz}^2\cos^2\beta\}\boldsymbol{b} + \\
\{2v^t\cos\beta\Omega_{yz} + v\Omega_{yz}^t\cos\beta - [d(s) + w\cos\varphi - u\sin\varphi]\Omega_{yz}^2\cos^2\beta\}(\cos\varphi\boldsymbol{c} - \sin\varphi\boldsymbol{a}) \\
= \boldsymbol{a}_0(\Omega_{yz}) + \boldsymbol{a}_e(\Omega_{yz})
\end{aligned}
$$

$$(2-20)$$

式中:$\boldsymbol{a}_0(\Omega_{yz})$ 是与 u、v、w 无关的项,它引起初始弹性势能,记为 $U_0(\Omega_{yz})$,$\boldsymbol{a}_e(\Omega_{yz})$ 与 u、v、w 有关,它引起的外力的虚功为 $\delta W_e(\Omega_{yz})$。

$$
\begin{aligned}
\boldsymbol{a}_0(\Omega_{yz}) = \boldsymbol{a}\{d_r(s)\cos(\varphi - \alpha)\Omega_{yz}^t\sin\beta + \\
[d_r(s)\sin(\varphi - \alpha)\sin^2\beta + d_r(s)\sin\varphi\cos^2\beta]\Omega_{yz}^2\} + \\
\boldsymbol{b}[-d(s)\cos\beta\Omega_{yz}^t] + \\
\boldsymbol{c}\{d_r(s)\sin(\varphi - \alpha)\sin\beta\Omega_{yz}^t + \\
[-d_r(s)\cos(\varphi - \alpha)\sin^2\beta - d_r(s)\cos\varphi\cos^2\beta]\Omega_{yz}^2\}
\end{aligned}
$$

$$(2-21)$$

$$
\begin{aligned}
\boldsymbol{a}_e(\Omega_{yz}) = \boldsymbol{a}\{2(w^t\sin\beta - v^t\sin\varphi\cos\beta)\Omega_{yz} + (w\sin\beta - v\sin\varphi\cos\beta)\Omega_{yz}^t + \\
(-u\sin^2\beta + w\sin\varphi\cos\varphi\sin^2\beta - u\sin^2\varphi\cos^2\beta)\Omega_{yz}^2\} + \\
\boldsymbol{b}\{-2(w^t\cos\varphi - u^t\sin\varphi)\cos\beta\Omega_{yz} - \\
(w\cos\varphi - u\sin\varphi)\cos\beta\Omega_{yz}^t - v\cos^2\beta\Omega_{yz}^2\} + \\
\boldsymbol{c}\{2[-u^t\sin\beta + v^t\cos\varphi\cos\beta]\Omega_{yz} + (-u\sin\beta + v\cos\varphi\cos\beta)\Omega_{yz}^t + \\
(-w\sin^2\beta - w\cos^2\varphi\cos^2\beta + u\sin\varphi\cos\varphi\cos^2\beta)\Omega_{yz}^2\}
\end{aligned}
$$

$$(2-22)$$

下面考虑初始弹性势能 $U_0 = U_0(\Omega_x) + U_0(\Omega_{yz})$，进而导出 $\delta W(\Omega) = \delta(-U_0)$。

与壳体的振动频率相比，Ω_x^2、Ω_{yz}^2、Ω_x^t、Ω_{yz}^t 均很小，所以可知：

$$U_0 = -\int_A \left[\frac{1}{2} N_s^i \left(\frac{\partial \boldsymbol{V}}{\partial s} \right) \cdot \left(\frac{\partial \boldsymbol{V}}{\partial s} \right) + \frac{1}{2} N_\theta^i \left(\frac{\partial \boldsymbol{V}}{\partial \theta} \right) \cdot \left(\frac{\partial \boldsymbol{V}}{\partial \theta} \right) + N_{s\theta}^i \left(\frac{\partial \boldsymbol{V}}{\partial s} \right) \cdot \left(\frac{\partial \boldsymbol{V}}{\partial \theta} \right) \right] \mathrm{d}A$$

$$(2-23)$$

式中：N_s^i、N_θ^i、$N_{s\theta}^i$ 为 $\boldsymbol{a}_0 = \boldsymbol{a}_0(\Omega_x) + \boldsymbol{a}_0(\Omega_{yz})$ 引起的归一化初始应力。上标 i 表示初始（initial）之意，有如下关系：

$$\boldsymbol{N}^i = \frac{N_s^i}{s} \boldsymbol{a} + N_{s\theta}^i \boldsymbol{b} + r(s) N_\theta^i \boldsymbol{c}$$

$$= -\rho h(s) \left[\boldsymbol{a}_0(\Omega_x) + \boldsymbol{a}_0(\Omega_{yz}) \right]$$

$$(2-24)$$

将式（2 - 18）、式（2 - 21）代入式（2 - 24）中，得

$$
\begin{cases}
N_s^i = \rho h(s) \{ \Omega_x^2 \cos\varphi r(s) - d_r(s) \cos(\varphi - \alpha) \sin\beta \Omega_{yz}^t + \\
\qquad [-d_r(s) \sin(\varphi - \alpha) \sin^2\beta + d(s) \sin\varphi \cos^2\beta] \Omega_{yz}^2 \} \\
N_\theta^i = \dfrac{\rho h(s)}{r(s)} \{ \Omega_x^2 r(s) \sin\varphi - d_r(s) \sin(\varphi - \alpha) \sin\beta \Omega_{yz}^t + \\
\qquad [d_r(s) \cos(\varphi - \alpha) \sin^2\beta + d(s) \cos\varphi \cos^2\beta] \Omega_{yz}^2 \} \\
N_{s\theta}^i = \rho h(s) [d(s) \Omega_{yz}^t \cos\beta - \Omega_x^t r(s)]
\end{cases}
$$

$$(2-25)$$

$\boldsymbol{a}_e = \boldsymbol{a}_e(\Omega_x) + \boldsymbol{a}_e(\Omega_{yz})$ 引起的外力为

$$\boldsymbol{F}_e = -\rho h(s) \boldsymbol{a}_e = F_{eu} \boldsymbol{a} + F_{ev} \boldsymbol{b} + F_{ew} \boldsymbol{c}$$

$$(2-26)$$

它在虚位移 $\delta \boldsymbol{V}$ 下做的虚功为

$$\delta W_e = \int_A \boldsymbol{F}_e \delta \boldsymbol{V} \mathrm{d}A$$

$$(2-27)$$

利用式（2 - 19）、式（2 - 22）、式（2 - 26）可得

$$
\begin{cases}
F_{eu} = \rho h(s) [2v^t \cos\varphi \Omega_x + v \cos\varphi \Omega_x^t + \Omega_x^2 (w \sin\varphi \cos\varphi + u \cos^2\varphi) - \\
\qquad 2(w^t \sin\beta - v^t \sin\varphi \cos\beta) \Omega_{yz} - (w \sin\beta - v \sin\varphi \cos\beta) \Omega_{yz}^t + (u \sin^2\beta - \\
\qquad w \sin\varphi \cos\varphi \sin^2\beta + u \sin^2\varphi \cos^2\beta) \Omega_{yz}^2] \\
F_{ev} = \rho h(s) [-2(w^t \sin\varphi + u^t \cos\varphi) \Omega_x - \Omega_x^t (w \sin\varphi + u \cos\varphi) + v \Omega_x^2 + \\
\qquad 2(w^t \cos\varphi - u^t \sin\varphi) \cos\beta \Omega_{yz} + (w \cos\varphi - u \sin\varphi) \cos\beta \Omega_{yz}^t + v \cos^2\beta \Omega_{yz}^2] \\
F_{ew} = \rho h(s) [2\Omega_x^t \sin\varphi + v \Omega_x^t \sin\varphi + \Omega_x^2 (w \sin^2\varphi + u \sin\varphi \cos\varphi) + \\
\qquad 2(u^t \sin\beta - v^t \cos\varphi \cos\beta) \Omega_{yz} + (u \sin\beta - v \cos\varphi \cos\beta) \Omega_{yz}^t + \\
\qquad (w \sin^2\beta + w \cos^2\varphi \cos^2\beta - u \sin\varphi \cos\varphi \cos^2\beta) \Omega_{yz}^2]
\end{cases}
$$

$$(2-28)$$

当轴对称壳不旋转时,环向波数为 n 的对称振型可设为

$$[\boldsymbol{V}] = \begin{bmatrix} \cos n\theta & 0 & 0 \\ 0 & \sin n\theta & 0 \\ 0 & 0 & \cos n\theta \end{bmatrix} \begin{bmatrix} u(s) \\ v(s) \\ w(s) \end{bmatrix} \mathrm{e}^{i\omega t} \qquad (2-29)$$

式中: ω 为谐振频率; $u(s)$、$v(s)$、$w(s)$ 即为沿母线方向的振型。

当壳体以 $\boldsymbol{\Omega}$ 旋转,在壳体旋转的惯性空间研究。由于 $\Omega^2 \ll \omega^2$, $\Omega^i \ll \omega^2$, 所以, $N_{s\theta}^i$ 对振型的影响非常小,自然 $\boldsymbol{F}_e$ 对振型的影响也很小,这在下面的分析中可以清楚地看到。于是,在壳体旋转的惯性空间中,对于"自由谐振"的壳体,可设振型为

$$[\boldsymbol{V}] = \begin{bmatrix} \cos n(\theta+\psi) & 0 & 0 \\ 0 & \sin n(\theta+\psi) & 0 \\ 0 & 0 & \cos n(\theta+\psi) \end{bmatrix} \begin{bmatrix} u(s) \\ v(s) \\ w(s) \end{bmatrix} \mathrm{e}^{i\omega t}$$

$$(2-30)$$

$$\psi = \int_{t_0}^{t} P \mathrm{d}t \qquad P = K\Omega_x$$

顺便指出:如果单纯分析壳体旋转后的应力特性,那么在 Ω^2 接近 ω^2 或 Ω^i 接近于 ω^2 的情况下,由于初始剪应力及剪外力的作用,振型在母线方向将发生扭曲,这时振型函数不能设为式(2 – 30)的形式。这已超出本书研究的范围,此处不讨论。

式(2 – 30)的物理意义是:当壳体旋转后,在壳体旋转的空间来考察振型,它在环向不再保持静止,将以 P 的速率向后进动。正基于此,才将 $\boldsymbol{\Omega}_x$ 的正方向定义为 θ 的正方向。K 称为振型在环向的进动因子。

利用式(2 – 10) ~ 式(2 – 13)和式(2 – 30)可得

$$U = \frac{\mathrm{e}^{i\omega t}}{2} \int_A ([\boldsymbol{L}_s][\boldsymbol{V}(s)])^{\mathrm{T}} [\boldsymbol{\Theta}_n^6][\boldsymbol{D}][\boldsymbol{\Theta}_n^6]([\boldsymbol{L}_s][\boldsymbol{V}(s)]) \mathrm{d}A$$

$$= \frac{\mathrm{e}^{i\omega t}}{2} \int_0^L ([\boldsymbol{L}_s][\boldsymbol{V}(s)])^{\mathrm{T}} \int_0^{2\pi} [\boldsymbol{\Theta}_n^6][\boldsymbol{D}][\boldsymbol{\Theta}_n^6] \mathrm{d}\theta ([\boldsymbol{L}_s][\boldsymbol{V}(s)]) r(s) h(s) \mathrm{d}s$$

$$= \frac{\mathrm{e}^{i\omega t}\pi}{2} \int_0^L ([\boldsymbol{L}_s][\boldsymbol{V}(s)])^{\mathrm{T}} [\boldsymbol{D}] ([\boldsymbol{L}_s][\boldsymbol{V}(s)]) r(s) h(s) \mathrm{d}s$$

$$(2-31)$$

$$[\boldsymbol{L}_s] = \begin{bmatrix} \dfrac{\partial}{\partial s} & 0 & \dfrac{1}{R} \\[3mm] \dfrac{\cos\varphi}{r} & \dfrac{n}{r} & \dfrac{\sin\varphi}{r} \\[3mm] \dfrac{-n}{r} & \dfrac{\partial}{\partial s} - \dfrac{\cos\varphi}{r} & 0 \\[3mm] \dfrac{1}{R}\dfrac{\partial}{\partial s} + \dfrac{\mathrm{d}}{\mathrm{d}s}\left(\dfrac{1}{R}\right) & 0 & \dfrac{\partial^2}{\partial s^2} \\[3mm] \dfrac{\cos\varphi}{rR\sin\varphi} & \dfrac{n\sin\varphi}{r^2} & \dfrac{n^2}{r^2} - \dfrac{\cos\varphi}{r}\dfrac{\partial}{\partial s} \\[3mm] -2\dfrac{n}{rR} & 2\sin\varphi\left(\dfrac{1}{r}\dfrac{\partial}{\partial s} - \dfrac{\cos\varphi}{r^2}\right) & 2n\left(\dfrac{-\cos\varphi}{r^2} + \dfrac{1}{r}\dfrac{\partial}{\partial s}\right) \end{bmatrix}$$

$$(2-32)$$

$$[\boldsymbol{V}(s)] = [u(s) \quad v(s) \quad w(s)]^{\mathrm{T}} \qquad (2-33)$$

$$[\boldsymbol{\Theta}_n^6] = \mathrm{diag}[\cos n(\theta+\psi) \quad \cos n(\theta+\psi) \quad \sin n(\theta+\psi)$$
$$\cos n(\theta+\psi) \quad \cos n(\theta+\psi) \quad \sin n(\theta+\psi)] \qquad (2-34)$$

利用图 2 - 1 和式(2 - 1),可推导出

$$\begin{cases} \dfrac{\partial \boldsymbol{V}}{\partial s} = \left(\dfrac{\partial u}{\partial s} + \dfrac{w}{R}\right)\boldsymbol{a} + \dfrac{\partial v}{\partial s}\boldsymbol{b} + \left(\dfrac{\partial w}{\partial s} - \dfrac{u}{R}\right)\boldsymbol{c} \\[3mm] \dfrac{\partial \boldsymbol{V}}{\partial \theta} = \left(\dfrac{\partial u}{\partial \theta} - v\cos\varphi\right)\boldsymbol{a} + \left(\dfrac{\partial v}{\partial \theta} + u\cos\varphi + w\sin\varphi\right)\boldsymbol{b} + \left(\dfrac{\partial w}{\partial \theta} - v\sin\varphi\right)\boldsymbol{c} \end{cases}$$

$$(2-35)$$

将式(2 - 35)代入式(2 - 23),可得

$$U_0 = -\frac{1}{2}\int_A \left\{ N_s^i\left[\left(\frac{\partial u}{\partial s} + \frac{w}{R}\right)^2 + \left(\frac{\partial u}{\partial s}\right)^2 + \left(\frac{\partial w}{\partial s} - \frac{u}{R}\right)^2\right] + N_\theta^i\left[\left(\frac{\partial u}{\partial \theta} - v\cos\varphi\right)^2 + \right.\right.$$

$$\left(\frac{\partial v}{\partial \theta} + u\cos\varphi + w\sin\varphi\right)^2 + \left(\frac{\partial w}{\partial \theta} - v\sin\varphi\right)^2\right] + N_{s\theta}^i\left[\left(\frac{\partial u}{\partial s} + \frac{w}{R}\right)\left(\frac{\partial u}{\partial \theta} - v\cos\varphi\right) + \right.$$

$$\left.\left.\left(\frac{\partial v}{\partial s}\right)\left(\frac{\partial v}{\partial \theta} + u\cos\varphi + w\sin\varphi\right) + \left(\frac{\partial w}{\partial s} - \frac{u}{R}\right)\left(\frac{\partial w}{\partial \theta} - v\sin\varphi\right)\right]\right\}\mathrm{d}A$$

$$= \frac{-\rho}{2}\int_0^L \int_0^{2\pi} \left\{s\left[\Omega_x^2\cos\varphi\, r(s) - d_r(s)\cos(\varphi-\alpha)\sin\beta\Omega_{yz}^t + (-d_r(s)\cos(\varphi-\alpha)\sin^2\beta + \right.\right.$$

$$\left. d(s)\sin\varphi\cos^2\beta)\Omega_{yz}^2\right]\left[\left(\frac{\partial u}{\partial s} + \frac{w}{R}\right)^2 + \left(\frac{\partial v}{\partial s}\right)^2 + \left(\frac{\partial w}{\partial s} - \frac{u}{R}\right)^2\right] + \frac{1}{r(s)}[r(s)\Omega_x^2(s)\sin\varphi -$$

$$d_r(s)\sin(\varphi - \alpha)\sin\beta\Omega'_{yz} + (d_r(s)\cos(\varphi - \alpha)\,\sin^2\beta + d(s)\cos\varphi\,\cos^2\beta)\Omega^2_{yz}] \cdot$$

$$\left[\left(\frac{\partial u}{\partial\theta} - v\cos\varphi\right)^2 + \left(\frac{\partial v}{\partial\theta} + u\cos\varphi + w\sin\varphi\right)^2 + \left(\frac{\partial w}{\partial\theta} - v\sin\varphi\right)^2\right] + [\,d(s)\Omega'_{yz}\cos\beta - $$

$$\Omega'_x r(s)\,]\left[\left(\frac{\partial u}{\partial s} + \frac{w}{R}\right)\left(\frac{\partial u}{\partial\theta} - v\cos\varphi\right) + \left(\frac{\partial v}{\partial s}\right)\left(\frac{\partial v}{\partial\theta} + u\cos\varphi + w\sin\varphi\right) + $$

$$\left(\frac{\partial w}{\partial s} - \frac{u}{R}\right)\left(\frac{\partial w}{\partial\theta} - v\sin\varphi\right)\Bigg]\Bigg\}\mathrm{d}\theta r(s)h(s)\mathrm{d}s$$

$$(2\,\text{-}\,36)$$

对于 β 可写成 $\beta = \theta + \psi + \varepsilon$，$\varepsilon$ 为随机因子。对于式 $(2-36)$，凡含 β 的项，可以分离出来，对它们单独在 $[0,2\pi]$ 上积分，具体说明两项。

$$\int_0^{2\pi}\sin\beta\left(\frac{\partial u}{\partial s}\right)^2\mathrm{d}\theta = \mathrm{e}^{2i\omega t}\int_0^{2\pi}\big[\sin(\theta + \psi)\cos\varepsilon + \sin\varepsilon \cdot$$

$$\cos(\theta + \psi)\big]\cos^2 n(\theta + \psi)\left[\frac{\mathrm{d}u(s)}{\mathrm{d}s}\right]^2\mathrm{d}\theta$$

利用三角函数的正交性，即知上式为零。

$$\int_0^{2\pi}\cos^2\beta\left(\frac{\partial u}{\partial s}\right)^2\mathrm{d}\theta = \mathrm{e}^{2i\omega t}\int_0^{2\pi}\frac{1}{2}(\cos 2\beta + 1)\,\cos^2 n(\theta + \psi)\left[\frac{\mathrm{d}u(s)}{\mathrm{d}s}\right]^2\mathrm{d}\theta$$

$$= \frac{\mathrm{e}^{2i\omega t}}{2}\int_0^{2\pi}\left(\frac{\partial u}{\partial s}\right)^2\mathrm{d}\theta$$

又因为

$$\int_0^{2\pi}\sin\beta\mathrm{d}\beta = 0\,,\int_0^{2\pi}\cos^2\beta\mathrm{d}\beta = \pi$$

所以式 $(2-36)$ 可写成

$$U_0 = -\frac{\rho\pi\mathrm{e}^{2i\omega t}}{2}\int_0^L\big\{\bar{N}_s^{\mathrm{ie}}\,([\boldsymbol{O}_s][\boldsymbol{V}(s)])^{\mathrm{T}}([\boldsymbol{O}_s][\boldsymbol{V}(s)])s + $$

$$\bar{N}_\theta^{\mathrm{ie}}\,([\boldsymbol{O}_\theta][\boldsymbol{V}(s)])^{\mathrm{T}}([\boldsymbol{O}_\theta][\boldsymbol{V}(s)])\big\}r(s)h(s)\mathrm{d}s$$

$$(2-37)$$

$$\begin{cases}\bar{N}_s^{\mathrm{ie}} = \Omega^2_x r(s)\cos\varphi + \dfrac{1}{2}\Omega^2_{yz}[\,d_r(s)\sin(\varphi - \alpha) + d(s)\sin\varphi\,] \\[3mm] \bar{N}_\theta^{\mathrm{ie}} = \dfrac{1}{r(s)}\Big\{\Omega^2_x r(s)\cos\varphi + \dfrac{1}{2}\Omega^2_{yz}[\,d_r(s)\cos(\varphi - \alpha) + d(s)\cos\varphi\,]\Big\}\end{cases}$$

$$(2-38)$$

$$[\boldsymbol{O}_s] = \begin{bmatrix} \dfrac{\partial}{\partial s} & 0 & \dfrac{1}{R} \\[2mm] 0 & \dfrac{\partial}{\partial s} & 0 \\[2mm] \dfrac{1}{R} & 0 & -\dfrac{\partial}{\partial s} \end{bmatrix} \qquad (2-39)$$

$$[\boldsymbol{O}_\theta] = \begin{bmatrix} n & \cos\varphi & 0 \\ \cos\varphi & n & \sin\varphi \\ 0 & \sin\varphi & n \end{bmatrix} \qquad (2-40)$$

有了弹性势能 U 和初始弹性势能 U_0 ,便可得壳体旋转时的总弹性势能 U_T 及相应总弹性力做的功 W_T 。

$$U_T = U - U_0 \qquad (2-41)$$
$$W_T = -U_T = U_0 - U \qquad (2-42)$$

于是,总弹性力做的虚功 δW_T 为

$$\delta W_T = -\delta U + \delta U_0 = \delta W_0 - \delta W(\Omega) \qquad (2-43)$$

将式(2-30)代入式(2-27),对于 F_{eu} 、F_{ev} 、F_{ew} 中含 β 项的均按简化 U_0 时的方法进行,这样:

$$\begin{aligned}
\delta W_e = \int_0^L \int_0^{2\pi} & \left\{ \left[2v^t\cos\varphi\,\Omega_x + v\cos\varphi\,\Omega_x^t + \Omega_x^2(w\sin\varphi\cos\varphi + u\cos^2\varphi) + \right.\right. \\
& \left. \frac{1}{2}(u - w\sin\varphi\cos\varphi + u\sin^2\varphi)\Omega_{yz}^2 \right]\delta u + \left[-2(w^t\sin\varphi + u^t\cos\varphi)\Omega_x - \right. \\
& \Omega_x^t(w\sin\varphi + u\cos\varphi) + v(\Omega_x^2 + \frac{1}{2}\Omega_{yz}^2) \left. \right]\delta v + \left[2\Omega_x v^t\sin\varphi + v\Omega_x^t\sin\varphi + \right. \\
& \Omega_x^2(w\sin^2\varphi + u\sin\varphi\cos\varphi) + \frac{1}{2}(w + w\sin^2\varphi - \\
& \left.\left. u\sin\varphi\cos\varphi)\Omega_{yz}^2 \right]\delta w \right\} r(s)h(s)\,\mathrm{d}\theta\mathrm{d}s
\end{aligned}$$

$$(2-44)$$

将 u^t 、v^t 、w^t 、u 、v 、w 代入上式,并利用三角函数的正交性可得

$$\begin{aligned}
\delta W_e = \mathrm{e}^{2\mathrm{i}\omega t}\rho\pi \int_0^L [\boldsymbol{V}(s)]^\mathrm{T} & \left\{ 2nP\Omega_x[\boldsymbol{O}_c^e] + \Omega_x^2[\boldsymbol{O}_x^e] + \right. \\
& \left. \frac{1}{2}\Omega_{yz}^2[\boldsymbol{O}_{yz}^e] \right\}\delta[\boldsymbol{V}(s)r(s)h(s)]\mathrm{d}s
\end{aligned}$$

$$(2-45)$$

$$\left[\boldsymbol{O}_{c}^{\mathrm{e}}\right] = \begin{bmatrix} 0 & \cos\varphi & 0 \\ \cos\varphi & 0 & \sin\varphi \\ 0 & \sin\varphi & 0 \end{bmatrix} \qquad (2-46)$$

$$\left[\boldsymbol{O}_{x}^{\mathrm{e}}\right] = \begin{bmatrix} \cos^{2}\varphi & 0 & \sin\varphi\cos\varphi \\ 0 & 1 & 0 \\ \sin\varphi\cos\varphi & 0 & \sin^{2}\varphi \end{bmatrix} \qquad (2-47)$$

$$\left[\boldsymbol{O}_{yz}^{\mathrm{e}}\right] = \begin{bmatrix} 1 + \sin^{2}\varphi & 0 & -\sin\varphi\cos\varphi \\ 0 & 1 & 0 \\ -\sin\varphi\cos\varphi & 0 & 1 + \cos^{2}\varphi \end{bmatrix} \qquad (2-48)$$

将式(2-30)代入式(2-16),可得

$$\delta T = -\rho\pi\mathrm{e}^{2\mathrm{i}\omega t}\int_{0}^{L}(n^{2}P^{2} + \omega^{2})\left[\boldsymbol{V}(s)\right]^{\mathrm{T}}\delta\left[\boldsymbol{V}(s)\right]r(s)h(s)\mathrm{d}s \quad (2-49)$$

经过上面的推导,得到了仅含母线方向位移 s 的总弹性势能 U_{T} 及相应的总弹性力的虚功 δW_{T}, $\boldsymbol{\Omega}$ 引起外力的虚功 δW_{e},振动惯性力的虚功 δT,分别为式(2-41)、式(2-43)、式(2-45)、式(2-49)。利用这些关系,由虚位移原理便可以得到关于振型 $u(s)$、$v(s)$、$w(s)$ 的动力学方程,即

$$\delta W_{T} + \delta T + \delta W_{\mathrm{e}} = 0 \qquad (2-50)$$

进一步的推导将结合具体的插值形式进行。

▶ 2.3　旋转的轴对称壳的有限元列式

◁ 2.3.1　任意轴对称壳

由上面推导的诸动力学关系式(2-31)、式(2-37)、式(2-41)、式(2-43)、式(2-45)、式(2-49)、式(2-50),结合具体的 $u(s)$、$v(s)$、$w(s)$ 的插值形式,可以给出求解振动频率 ω 及相应振型的动力学方程。在具体求解 ω 及振型 $u(s)$、$v(s)$、$w(s)$ 时可采用多种方法。为了分析 $\boldsymbol{\Omega}$ 对振型的影响(主要指 $u(s)$、$v(s)$、$w(s)$ 的影响),为了精确分析各种边界条件对轴对称壳振动的影响,首先用有限元法进行分析。它可以统一建立动力学方程,便于处理边界条件,可以作解析法无法进行的分析。

上面得到的各式仅含母线方向位移 s,所以沿母线方向对轴对称壳进行

单元划分。设第 j 个单元对应着第 j 和第 $j+1$ 个节点,母线坐标分别为 s_j、s_{j+1}。$u(s)$、$v(s)$、$w(s)$ 采用 Hermite 多项插值,于是,对第 j 个单元有

$$[V^j(s)] = \begin{bmatrix} u^j(s) \\ v^j(s) \\ w^j(s) \end{bmatrix} = \begin{bmatrix} X_{n_1} & 0 & 0 \\ 0 & X_{n_2} & 0 \\ 0 & 0 & X_{n_3} \end{bmatrix} = \begin{bmatrix} G_{n_1} & 0 & 0 \\ 0 & G_{n_2} & 0 \\ 0 & 0 & G_{n_3} \end{bmatrix} [\alpha^j] = [X][G][\alpha^j]$$

$$(2-51)$$

$$X_{n_1} = \begin{bmatrix} 1 & x & x^2 & \cdots & x^{2n_1+1} \end{bmatrix} \qquad (2-52)$$

X_{n_1}、X_{n_2}、X_{n_3} 分别为 $u^j(s)$、$v^j(s)$、$w^j(s)$ 在 $s \in [s_j, \quad s_{j+1}]$,即 $x \in [-1, \quad 1]$ 上的 Hermite 插值向量,维数分别为 $2(n_1+1)$、$2(n_2+1)$、$2(n_3+1)$。且有:$s = s_j + (x+1)l_j$,$l_j = 0.5(s_{j+1} - s_j)$

$$[\alpha^j] = \begin{bmatrix} \alpha_u^j & \alpha_v^j & \alpha_w^j \end{bmatrix} \qquad (2-53)$$

α_u^j、α_v^j、α_w^j 分别为 $u^j(s)$、$v^j(s)$、$w^j(s)$ 的插值系数向量。它们每一个都包含着第 j 个节点和第 $j+1$ 个节点的插值系数。G_{n_1}、G_{n_2}、G_{n_3} 分别是阶数为 n_1、n_2、n_3 时的 Hermite 插值矩阵。为便于组成整体刚度矩阵和整体质量矩阵,引入变换矩阵 $[C]$,有如下关系:

$$[\alpha^j] = [C][a^j] \qquad (2-54)$$

式中

$$[a^j] = \begin{bmatrix} a_u^{j(-1)} & a_v^{j(-1)} & a_w^{j(-1)} & \cdots & a_u^{j(+1)} & a_v^{j(+1)} & a_w^{j(+1)} & \cdots \end{bmatrix}^T$$

即将第 j 个单元按第 j 个节点 $(x = -1)$ 和第 $j+1$ 个节点 $(x = +1)$ 的顺序来排列。显然,经过这样的处理,组成的整体刚度矩阵,整体质量矩阵具有最小的半带宽,自然也便于处理边界条件,于是

$$[V^j(s)] = [X][A][a^j] \qquad (2-55)$$

$$[A] = [G][C] \qquad (2-56)$$

将式(2-55)分别代入式(2-31)、式(2-37)可得

$$U^j = \frac{\pi e^{2i\omega t}}{2} \int_{s_j}^{s_{j+1}} [a^j]^T [A]^T ([L_s][X])^T [D] ([L_s][X]) [A] r(s) h(s) ds [a^j]$$

$$= \frac{\pi e^{2i\omega t} l_j}{2} \int_{-1}^{+1} [a^j]^T [A]^T ([L_s][X])^T [D] ([L_s][X]) [A] r(s) h(s) dx [a^j]$$

$$(2-57)$$

$$U_0^j = -\frac{\pi e^{2i\omega t}\rho}{2}\int_{s_j}^{s_{j+1}}[\boldsymbol{a}^j]^T[\boldsymbol{A}]^T\{\bar{N}_s^{ie}([\boldsymbol{O}_s][\boldsymbol{X}])^T([\boldsymbol{O}_s][\boldsymbol{X}])s +$$

$$\bar{N}_\theta^{ie}([\boldsymbol{O}_\theta][\boldsymbol{X}])^T([\boldsymbol{O}_\theta][\boldsymbol{X}])\}r(s)h(s)ds[\boldsymbol{A}][\boldsymbol{a}^j]$$

$$= -\frac{\pi e^{2i\omega t}l_j\rho}{2}\int_{-1}^{+1}[\boldsymbol{a}^j]^T[\boldsymbol{A}]^T\{\bar{N}_s^{ie}([\boldsymbol{O}_s][\boldsymbol{X}])^T([\boldsymbol{O}_s][\boldsymbol{X}])[s_j +$$

$$(x+1)l_j] + \bar{N}_\theta^{ie}([\boldsymbol{O}_\theta][\boldsymbol{X}])^T([\boldsymbol{O}_\theta][\boldsymbol{X}])\}r(s)h(s)dx[\boldsymbol{A}][\boldsymbol{a}^j]$$

$$(2-58)$$

进一步可得第 j 个单元总弹性力的虚功：

$$\delta W_T^j = \delta W^j - \delta W_0^j$$

$$= -\pi l_j e^{2i\omega t}[\boldsymbol{a}^j]^T[\boldsymbol{A}]^T\Big\{\int_{-1}^{+1}([\boldsymbol{L}_s][\boldsymbol{X}])^T[\boldsymbol{D}]([\boldsymbol{L}_s][\boldsymbol{X}])r(s)h(s)dx +$$

$$\rho\int_{-1}^{+1}[\bar{N}_s^{ie}([\boldsymbol{O}_s][\boldsymbol{X}])^T([\boldsymbol{O}_s][\boldsymbol{X}][s_j + (x+1)l_j] +$$

$$\bar{N}_\theta^{ie}([\boldsymbol{O}_\theta][\boldsymbol{X}])^T([\boldsymbol{O}_\theta][\boldsymbol{X}])]r(s)h(s)dx\Big\}[\boldsymbol{A}]\delta[\boldsymbol{a}^j]$$

$$(2-59)$$

类似地可以得到

$$\delta T^j = \pi\rho l_j e^{2i\omega t}[\boldsymbol{a}^j]^T[\boldsymbol{A}]^T\int_{-1}^{+1}[\boldsymbol{X}]^T[\boldsymbol{X}][\boldsymbol{A}]r(s)h(s)dx(n^2P^2 + \omega^2)\delta[\boldsymbol{a}^j]$$

$$(2-60)$$

$$\delta W_e^j = \pi\rho l_j e^{2i\omega t}[\boldsymbol{a}^j]^T[\boldsymbol{A}]^T\int_{-1}^{+1}\{2nP\Omega_x[\boldsymbol{O}_c^e] + \Omega_x^2[\boldsymbol{O}_x^e] +$$

$$\frac{1}{2}\Omega_{yz}^2[\boldsymbol{O}_{yz}^e]\}[\boldsymbol{X}]^T[\boldsymbol{X}][\boldsymbol{A}]r(s)h(s)dx\delta[\boldsymbol{a}^j] \qquad (2-61)$$

对第 j 个单元运用虚位移原理，有

$$\delta W_T^j + \delta T^j + \delta W_e^j = 0 \qquad (2-62)$$

将式(2-59)～式(2-61)代入式(2-62)，可得第 j 个单元满足的动力学方程：

$$([\boldsymbol{K}^j] - (n^2P^2 + \omega^2)[\boldsymbol{M}^j])[\boldsymbol{a}^j] = [\boldsymbol{0}] \qquad (2-63)$$

$$[\boldsymbol{K}^j] = [\boldsymbol{K}_0^j] + [\boldsymbol{K}_x^j] + [\boldsymbol{K}_{yz}^j] + [\boldsymbol{K}_p^j] \qquad (2-64)$$

$$\left[\boldsymbol{K}_0^j\right] = l_j\left[\boldsymbol{A}\right]^{\mathrm{T}}\int_{-1}^{+1}\left(\left[\boldsymbol{L}_s\right]\left[\boldsymbol{X}\right]\right)^{\mathrm{T}}\left[\boldsymbol{D}\right]\left(\left[\boldsymbol{L}_s\right]\left[\boldsymbol{X}\right]\right)r(s)h(s)\mathrm{d}x\left[\boldsymbol{A}\right] \tag{2-65}$$

$$\begin{aligned}
\left[\boldsymbol{K}_x^j\right] = {}& l_j\rho\Omega_x^2\left[\boldsymbol{A}\right]^{\mathrm{T}}\int_{-1}^{+1}\{\left(\left[\boldsymbol{O}_s\right]\left[\boldsymbol{X}\right]\right)^{\mathrm{T}}\left(\left[\boldsymbol{O}_s\right]\left[\boldsymbol{X}\right]\right)\cos\varphi\,r(s)[\,s_j + \\
& (x+1)l_j\,] + \sin\varphi\left(\left[\boldsymbol{O}_\theta\right]\left[\boldsymbol{X}\right]\right)^{\mathrm{T}}\left(\left[\boldsymbol{O}_\theta\right]\left[\boldsymbol{X}\right]\right) - \\
& \left[\boldsymbol{X}\right]^{\mathrm{T}}\left[\boldsymbol{O}_x^{\mathrm{e}}\right]\left[\boldsymbol{X}\right]\}r(s)h(s)\mathrm{d}x\left[\boldsymbol{A}\right]
\end{aligned} \tag{2-66}$$

$$\begin{aligned}
\left[\boldsymbol{K}_{yz}^j\right] = {}& \frac{1}{2}l_j\rho\Omega_{yz}^2\left[\boldsymbol{A}\right]^{\mathrm{T}}\int_{-1}^{+1}\{\left(\left[\boldsymbol{O}_s\right]\left[\boldsymbol{X}\right]\right)^{\mathrm{T}}\left(\left[\boldsymbol{O}_s\right]\left[\boldsymbol{X}\right]\right)\cdot \\
& \left[\,d_r(s)\sin(\varphi-\alpha) + d(s)\sin\varphi\,\right]\left[\,s_j + (x+1)l_j\,\right] + \\
& \left(\left[\boldsymbol{O}_\theta\right]\left[\boldsymbol{X}\right]\right)^{\mathrm{T}}\left(\left[\boldsymbol{O}_\theta\right]\left[\boldsymbol{X}\right]\right)\left[\,d_r(s)\cos(\varphi-\alpha) + \right. \\
& \left. d(s)\cos\varphi\,\right]\frac{1}{r(s)}\left[\boldsymbol{X}\right]^{\mathrm{T}}\left[\boldsymbol{O}_{yz}^{\mathrm{e}}\right]\left[\boldsymbol{X}\right]\}r(s)h(s)\mathrm{d}x\left[\boldsymbol{A}\right]
\end{aligned} \tag{2-67}$$

$$\left[\boldsymbol{K}_P^j\right] = -2nP\Omega_x\rho l_j\left[\boldsymbol{A}\right]^{\mathrm{T}}\int_{-1}^{+1}\left[\boldsymbol{X}\right]^{\mathrm{T}}\left[\boldsymbol{O}_c^{\mathrm{e}}\right]\left[\boldsymbol{X}\right]r(s)h(s)\mathrm{d}x\left[\boldsymbol{A}\right] \tag{2-68}$$

$$\left[\boldsymbol{M}^j\right] = \rho l_j\left[\boldsymbol{A}\right]^{\mathrm{T}}\int_{-1}^{+1}\left[\boldsymbol{X}\right]^{\mathrm{T}}\left[\boldsymbol{X}\right]r(s)h(s)\mathrm{d}x\left[\boldsymbol{A}\right] \tag{2-69}$$

考察式(2-64)~式(2-69)，$P = K\Omega_x$，其中 K 为进动因子(无量纲)。可见与 Ω_x 有关的刚度矩阵 $\left[\boldsymbol{K}_P^j\right]$、$\left[\boldsymbol{K}_x^j\right]$ 与 Ω_x^2 成正比，与 Ω_{yz} 有关的刚度矩阵 $\left[\boldsymbol{K}_{yz}^j\right]$ 与 Ω_{yz}^2 成正比。由于 Ω_x^2、Ω_{yz}^2 相当于旋转引起的惯性过载，陀螺仪装在航行体上时，航行体的机动性决定了航行体所承受的过载，所以陀螺仪所受的过载实际上有一定的限制。正基于此，可以认为壳体或者说陀螺仪以某些特殊点作旋转。得到这种旋转情况下的动力学特性，适当做些等价变换，便可以得到壳体以任意点作旋转的动力学特性。等价的条件是所受到的惯性过载 $d\cdot\Omega^2$ 保持等量。这里 d 为旋转点到壳体一端中心的距离。

有了 $\left[\boldsymbol{K}^j\right]$、$\left[\boldsymbol{M}^j\right]$，便可以组合成整体刚度矩阵 $\left[\boldsymbol{K}\right]$ 和整体质量矩阵 $\left[\boldsymbol{M}\right]$，从而得到所需要的动力学方程：

$$\left(\left[\boldsymbol{K}\right] - (n^2P^2 + \omega^2)\left[\boldsymbol{M}\right]\right)\left[\boldsymbol{a}\right] = \left[0\right] \tag{2-70}$$

对式(2-70)进行边界条件处理，进而求出 $(n^2P^2 + \omega^2)$ 及相应的广义特征向量 $\left[\boldsymbol{a}\right]$。利用 $\left[\boldsymbol{a}\right]$ 可以求出沿母线方向的振型 $u(s)$、$v(s)$、$w(s)$，有了 $u(s)$、$v(s)$、$w(s)$，可以求出振型在环向的进动速度 P(详见第3章)。最后求

出这时的谐振频率 ω 。

⚄ 2.3.2　圆柱壳

对于圆柱壳,有如下几何关系(图 2-6):

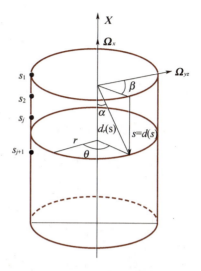

$$\begin{cases} \dfrac{1}{R(s)} = 0 \\[2mm] r(s) = r = 常数 \\[2mm] \varphi = 90° \\[2mm] d_r(s)\sin(\varphi - \alpha) = d(s) \\[2mm] d_r(s)\cos(\varphi - \alpha) = r \end{cases}$$

$$(2-71)$$

当认为壳体以一端的中心旋转时,则有 $d(s) = s$ (图 2-6),这时壳体单元的划

图 2-6　圆柱壳示意图

分是从旋转点算起的。记 $h_j(x) = h(s) = h[s_j + (x+1)l_j]$ 于是第 j 个单元,有

$$\left[K_0^j\right] = rl_j \left[A\right]^{\mathrm{T}} \int_{-1}^{+1} \left(\left[L_x^{\mathrm{c}}\right]\left[X\right]\right)^{\mathrm{T}} \left[D\right]\left(\left[L_x^{\mathrm{c}}\right]\left[X\right]\right) h_j(x)\,\mathrm{d}x\,\left[A\right]$$

$$(2-72)$$

$$\left[L_x^{\mathrm{c}}\right] = \begin{bmatrix} \dfrac{\partial}{l_j\partial x} & 0 & 0 \\[3mm] 0 & \dfrac{n}{r} & \dfrac{1}{r} \\[3mm] -\dfrac{n}{r} & \dfrac{\partial}{l_j\partial x} & 0 \\[3mm] 0 & 0 & \dfrac{-\partial}{l_j^2\partial x^2} \\[3mm] 0 & \dfrac{n}{r^2} & \dfrac{n^2}{r^2} \\[3mm] 0 & \dfrac{2}{l_jr}\dfrac{\partial}{\partial x} & 2\dfrac{n}{l_jr}\dfrac{\partial}{\partial x} \end{bmatrix}$$

$$\left[K_x^j\right] = rl_j \left[A\right]^{\mathrm{T}} \rho\Omega_x^2 \int_{-1}^{+1} \left[X\right]^{\mathrm{T}} \left[O_\theta^x\right]\left[X\right] h_j(x)\,\mathrm{d}x\,\left[A\right] \qquad (2-73)$$

$$[\boldsymbol{O}_\theta^x] = \begin{bmatrix} n^2 & 0 & 0 \\ 0 & n^2-1 & 2n \\ 0 & 2n & n^2-1 \end{bmatrix}$$

$$[\boldsymbol{K}_{yz}^j] = \frac{1}{2}rl_j[\boldsymbol{A}]^\mathrm{T}\rho\Omega_{yz}^2\int_{-1}^{+1}\{2[s_j^2+2s_jl_j(x+1)+$$

$$(x+1)^2l_j{}^2]\cdot([\boldsymbol{O}_s^{yz}][\boldsymbol{X}]^\mathrm{T})([\boldsymbol{O}_s^{yz}][\boldsymbol{X}])+$$

$$[\boldsymbol{X}]^\mathrm{T}[\boldsymbol{O}_\theta^{yz}][\boldsymbol{X}]\}h_j(x)\mathrm{d}x[\boldsymbol{A}] \qquad (2-74)$$

$$[\boldsymbol{O}_s^{yz}] = \frac{\partial}{l_j\partial x}\mathrm{diag}(1 \quad 1 \quad -1)$$

$$[\boldsymbol{O}_\theta^{yz}] = \begin{bmatrix} n^2-2 & 0 & 0 \\ 0 & n^2-1 & 2n \\ 0 & 2n & n^2-1 \end{bmatrix}$$

$$[\boldsymbol{K}_P^j] = -2nPrl_j\rho\Omega_x\int_{-1}^{+1}[\boldsymbol{A}]^\mathrm{T}[\boldsymbol{X}]^\mathrm{T}[\boldsymbol{O}_c^c][\boldsymbol{X}]h_j(x)\mathrm{d}x[\boldsymbol{A}] \quad (2-75)$$

$$[\boldsymbol{O}_c^c] = \begin{bmatrix} 0 & 0 & 0 \\ 0 & 0 & 1 \\ 0 & 1 & 0 \end{bmatrix}$$

$$[\boldsymbol{M}^j] = \rho l_j r[\boldsymbol{A}]^\mathrm{T}\int_{-1}^{+1}[\boldsymbol{X}]^\mathrm{T}[\boldsymbol{X}]h_j(x)\mathrm{d}x[\boldsymbol{A}] \qquad (2-76)$$

考察式(2-72)~式(2-76)中对 x 的微分关系,可以取插值函数为

$$[\boldsymbol{X}] = \begin{bmatrix} \boldsymbol{X}_1 & 0 & 0 \\ 0 & \boldsymbol{X}_1 & 0 \\ 0 & 0 & \boldsymbol{X}_2 \end{bmatrix}$$

式中:$\boldsymbol{X}_2 = [1 \quad x \quad x^2 \quad x^3 \quad x^4 \quad x^5]$;$\boldsymbol{X}_1$ 为 $\boldsymbol{X}_2$ 的前四列。这时的 $[\boldsymbol{A}]$ 矩阵为

$$[A] = \frac{1}{16}\begin{bmatrix}
8 & 0 & 0 & 4l_j & 0 & 0 & 0 & 8 & 0 & 0 & -4l_j & 0 & 0 & 0 \\
-12 & 0 & 0 & -4l_j & 0 & 0 & 0 & 12 & 0 & 0 & -4l_j & 0 & 0 & 0 \\
0 & 0 & 0 & -4l_j & 0 & 0 & 0 & 0 & 0 & 0 & 4l_j & 0 & 0 & 0 \\
4 & 0 & 0 & 4l_j & 0 & 0 & 0 & -4 & 0 & 0 & 4l_j & 0 & 0 & 0 \\
0 & 8 & 0 & 0 & 4l_j & 0 & 0 & 0 & 8 & 0 & 0 & -4l_j & 0 & 0 \\
0 & -12 & 0 & 0 & -4l_j & 0 & 0 & 0 & 12 & 0 & 0 & -4l_j & 0 & 0 \\
0 & 0 & 0 & 0 & -4l_j & 0 & 0 & 0 & 0 & 0 & 0 & 4l_j & 0 & 0 \\
0 & 4 & 0 & 0 & 4l_j & 0 & 0 & 0 & -4 & 0 & 0 & 4l_j & 0 & 0 \\
0 & 0 & 8 & 0 & 0 & 5l_j & l_j^2 & 0 & 0 & 8 & 0 & 0 & -5l_j & l_j^2 \\
0 & 0 & -15 & 0 & 0 & -7l_j & -l_j^2 & 0 & 0 & 15 & 0 & 0 & -7l_j & l_j^2 \\
0 & 0 & 0 & 0 & 0 & -6l_j & -2l_j^2 & 0 & 0 & 0 & 0 & 0 & 6l_j & -2l_j^2 \\
0 & 0 & 10 & 0 & 0 & 10l_j & 2l_j^2 & 0 & 0 & -10 & 0 & 0 & 10l_j & -2l_j^2 \\
0 & 0 & 0 & 0 & 0 & l_j & l_j^2 & 0 & 0 & 0 & 0 & 0 & -l_j & l_j^2 \\
0 & 0 & -3 & 0 & 0 & 3l_j & -l_j^2 & 0 & 0 & 3 & 0 & 0 & -3l_j & l_j^2
\end{bmatrix}$$

当圆柱体的壁厚不变时,式(2-72)~式(2-76)诸矩阵可以积出来,这样可以提高计算速度,为此设

$$\begin{cases}
\boldsymbol{F}_{mn}^{IJ} = \int_{-1}^{+1} (\boldsymbol{X}_m^I)^{\mathrm{T}}(\boldsymbol{X}_n^J)\,\mathrm{d}x \\
\boldsymbol{F}_{mnx}^{IJ} = \int_{-1}^{+1} (\boldsymbol{X}_m^I)^{\mathrm{T}}(\boldsymbol{X}_n^J)x\,\mathrm{d}x \\
\boldsymbol{F}_{mnxx}^{IJ} = \int_{-1}^{+1} (\boldsymbol{X}_m^I)^{\mathrm{T}}(\boldsymbol{X}_n^J)x^2\,\mathrm{d}x
\end{cases} \tag{2-77}$$

$$\boldsymbol{X}_m = \begin{bmatrix} 1 & x & x^2 & \cdots & x^{2m+1} \end{bmatrix}$$

$\boldsymbol{X}_m^I$ 表示对 $\boldsymbol{X}_m$ 微分 I 次,显然有 $(\boldsymbol{F}_{mn}^{IJ})^{\mathrm{T}} = \boldsymbol{F}_{nm}^{JI}$。于是,通过积分可以得到

$$[\boldsymbol{K}_0^j] = \frac{E}{(1-\mu^2)}l_j rh\,[\boldsymbol{A}]^{\mathrm{T}}\begin{bmatrix} K_{11} & K_{12} & K_{13} \\ & K_{22} & K_{23} \\ (对称) & & K_{33} \end{bmatrix}[\boldsymbol{A}] \tag{2-78}$$

$$K_{11} = \frac{1}{l_j^2}F_{11}^{11} + \frac{n^2(1-\mu)}{2r^2}F_{11}^{00}$$

$$K_{12} = n\left(\mu F_{11}^{10} - \frac{1-\mu}{2}F_{11}^{01}\right)/(l_j r)$$

$$K_{13} = \frac{\mu}{l_j r}F_{12}^{10}$$

$$K_{22} = \left[\frac{h^2(1-\mu)}{6l_j{}^2 r^2} + \frac{(1-\mu)}{2l_j{}^2}\right]F_{11}^{11} + \frac{n^2}{r^2}\left(1 + \frac{h^2}{12r^2}\right)F_{11}^{00}$$

$$K_{23} = \frac{n}{r^2}\left[F_{12}^{00} - \frac{h^2\mu}{12l_j^2}F_{12}^{02} + \frac{n^2 h^2}{12r^2}F_{12}^{00} + \frac{h^2(1-\mu)}{6l_j^2}F_{12}^{11}\right]$$

$$K_{33} = \frac{n}{r^2}\left[\frac{h^2\mu}{12l_j^2}F_{22}^{02} + \frac{n^2 h^2}{12r^2}F_{12}^{00} + \frac{h^2\mu}{12l_j^2}F_{22}^{20} + \frac{h^2(1-\mu)}{6l_j^2}F_{22}^{11}\right] + \frac{1}{r^2}F_{22}^{00} + \frac{h^2}{12l_j^4}F_{22}^{22}$$

$$[K_x^j] = \rho l_j r h \Omega_x^2 [A]^{\mathrm{T}}\begin{bmatrix} n^2 F_{11}^{00} & 0 & 0 \\ & (n^2-1)F_{11}^{00} & 2nF_{12}^{00} \\ (\text{对称}) & & (n^2-1)F_{22}^{00} \end{bmatrix}[A]$$

$$(2-79)$$

$$[K_{yz}^j] = \frac{1}{2}\rho l_j r h \Omega_{yz}^2 [A]^{\mathrm{T}}\left\{\begin{bmatrix} (n^2-2)F_{11}^{00} & 0 & 0 \\ & (n^2-1)F_{11}^{00} & 2nF_{12}^{00} \\ (\text{对称}) & & (n^2-1)F_{22}^{00} \end{bmatrix} + \mathrm{diag}[F \quad F \quad -F]\right\}[A]$$

$$(2-80)$$

式中

$$F = \frac{2}{l_j^2}\left[F_{11}^{11}(l_j+s_j)^2 + 2F_{11x}^{11}(l_j+s_j)l_j + F_{11xx}^{11}l_j^2\right]$$

$$[K_P^j] = -2nPl_j r h \rho \Omega_x [A]^{\mathrm{T}}\begin{bmatrix} 0 & 0 & 0 \\ 0 & 0 & F_{12}^{00} \\ 0 & F_{21}^{00} & 0 \end{bmatrix}[A] \qquad (2-81)$$

$$[M^j] = \rho l_j rh [A]^{\mathrm{T}} \begin{bmatrix} F_{11}^{00} & 0 & 0 \\ 0 & F_{11}^{00} & 0 \\ 0 & 0 & F_{22}^{00} \end{bmatrix} [A] \qquad (2-82)$$

$$F_{22}^{00} = 2 \begin{bmatrix} 1 & 0 & \frac{1}{3} & 0 & \frac{1}{5} & 0 \\ & \frac{1}{3} & 0 & \frac{1}{5} & 0 & \frac{1}{7} \\ & & \frac{1}{5} & 0 & \frac{1}{7} & 0 \\ & & & \frac{1}{7} & 0 & \frac{1}{9} \\ & & & & \frac{1}{9} & 0 \\ \text{(对称)} & & & & & \frac{1}{11} \end{bmatrix}$$

$$F_{22}^{11} = 2 \begin{bmatrix} 0 & 0 & 0 & 0 & 0 & 0 \\ & 1 & 0 & 1 & 0 & 1 \\ & & \frac{4}{3} & 0 & \frac{8}{5} & 0 \\ & & & \frac{9}{5} & 0 & \frac{15}{7} \\ & & & & \frac{16}{7} & 0 \\ \text{(对称)} & & & & & \frac{25}{9} \end{bmatrix}$$

$$F_{22}^{01} = 2 \begin{bmatrix} 0 & 1 & 0 & 1 & 0 & 1 \\ 0 & 0 & \frac{2}{3} & 0 & \frac{4}{5} & 0 \\ 0 & \frac{1}{3} & 0 & \frac{3}{5} & 0 & \frac{5}{7} \\ 0 & 0 & \frac{2}{5} & 0 & \frac{4}{7} & 0 \\ 0 & \frac{1}{5} & 0 & \frac{3}{7} & 0 & \frac{5}{9} \\ 0 & 0 & \frac{2}{7} & 0 & \frac{4}{9} & 0 \end{bmatrix}$$

$$F_{22}^{02} = 4 \begin{bmatrix} 0 & 0 & 1 & 0 & 2 & 0 \\ 0 & 0 & 0 & 1 & 0 & 2 \\ 0 & 0 & \frac{1}{3} & 0 & \frac{6}{5} & 0 \\ 0 & 0 & 0 & \frac{3}{5} & 0 & \frac{10}{7} \\ 0 & 0 & \frac{1}{5} & 0 & \frac{6}{7} & 0 \\ 0 & 0 & 0 & \frac{3}{7} & 0 & \frac{10}{9} \end{bmatrix}$$

$$\boldsymbol{F}_{22}^{22} = 8 \begin{bmatrix} 0 & 0 & 0 & 0 & 0 & 0 \\ & 0 & 0 & 0 & 0 & 0 \\ & & 1 & 0 & 2 & 0 \\ & & & 3 & 0 & 6 \\ & & & & \dfrac{36}{5} & 0 \\ \text{(对称)} & & & & & \dfrac{100}{7} \end{bmatrix} \qquad \boldsymbol{F}_{22x}^{11} = 2 \begin{bmatrix} 0 & 0 & 0 & 0 & 0 & 0 \\ & \dfrac{1}{3} & 0 & \dfrac{3}{5} & 0 & \dfrac{5}{7} \\ & & \dfrac{4}{5} & 0 & \dfrac{8}{7} & 0 \\ & & & \dfrac{9}{7} & 0 & \dfrac{15}{9} \\ & & & & \dfrac{16}{9} & 0 \\ & \text{(对称)} & & & & \dfrac{25}{11} \end{bmatrix}$$

$$\boldsymbol{F}_{11x}^{11} = 4 \begin{bmatrix} 0 & 0 & 0 & 0 & 0 & 0 \\ & 0 & \dfrac{1}{3} & 0 & \dfrac{2}{5} & 0 \\ & & 0 & \dfrac{3}{5} & 0 & \dfrac{5}{7} \\ & & & 0 & \dfrac{6}{7} & 0 \\ & & & & 0 & \dfrac{10}{9} \\ & \text{(对称)} & & & & 0 \end{bmatrix}$$

$\boldsymbol{F}_{12}^{IJ}$ 为 $\boldsymbol{F}_{22}^{IJ}$ 的前四行，$\boldsymbol{F}_{21}^{IJ}$ 为 $\boldsymbol{F}_{22}^{IJ}$ 的前四列，$\boldsymbol{F}_{11}^{IJ}$ 为 $\boldsymbol{F}_{22}^{IJ}$ 的前四行、前四列。

⊿2.3.3　半球壳

对半球壳，有如下几何关系(图2-7)：

$$\begin{cases} R(s) = R = 常数 \\ r(s) = R\sin\varphi \\ d_r(s) = R \\ \varphi = \alpha \\ d(s) = R\cos\varphi \\ s = R\varphi \end{cases} \qquad (2-83)$$

考虑到半球壳的特殊性，用母线方向的弧坐标 φ 作为母线方向的坐标，即 $\varphi = \varphi_j + (x+1)l_j$，$l_j = 0.5(\varphi_{j+1} - \varphi_j)$。记半球壳的底端角($A$处)为 φ_0，顶

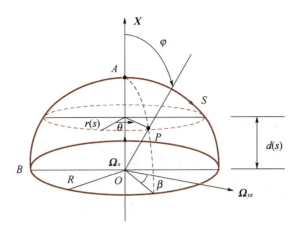

图 2 - 7　半球壳示意图

端角(B 处)为 φ_F,因此 $\varphi_1 = \varphi_0$ 假设球壳以球心 O 旋转,并且单元划分从球底端 A 点开始,到顶端角 φ_F 终止。记 $h_j(x) = h(s) = h(\varphi)$。于是,对第 j 个单元则有

$$[K_0^j] = \frac{1}{R} l_j [A]^T \int_{-1}^{+1} ([L_x^H][X])^T [D] ([L_x^H][X]) \cdot \qquad (2-84)$$
$$\sin[\varphi_j + (x+1)l_j] h_j(x) \mathrm{d}x [A]$$

$$[L_x^H] = \begin{bmatrix} \dfrac{\partial}{l_j \partial x} & 0 & 1 \\[2.5ex] \dfrac{\cos\varphi}{\sin\varphi} & \dfrac{n}{\sin\varphi} & 1 \\[2.5ex] -\dfrac{n}{\sin\varphi} & \dfrac{\partial}{l_j \partial x} - \dfrac{\cos\varphi}{\sin\varphi} & 0 \\[2.5ex] \dfrac{1}{Rl_j}\dfrac{\partial}{\partial x} & 0 & \dfrac{1}{l_j^2 R}\dfrac{\partial^2}{\partial x^2} \\[2.5ex] \dfrac{\cos\varphi}{R\sin\varphi} & \dfrac{n}{R\sin\varphi} & \dfrac{n^2}{R\sin^2\varphi} - \dfrac{\cos\varphi}{\sin\varphi}\dfrac{\partial}{l_j \partial x} \\[2.5ex] \dfrac{-2n}{R\sin\varphi} & \dfrac{2}{n}\left(\dfrac{\partial}{l_j \partial x} - \dfrac{\cos\varphi}{\sin\varphi}\right) & \dfrac{-2n}{R\sin\varphi}\left(\dfrac{\cos\varphi}{\sin\varphi} - \dfrac{\partial}{l_j \partial x}\right) \end{bmatrix}$$

$$[K_x^j] = R\rho\Omega_x^2 l_j [A]^T \int_{-1}^{+1} \{ ([B_x]^T[B_x]\sin^2\varphi\cos\varphi + [B_\theta]^T[B_\theta]\sin^2\varphi -$$
$$\sin\varphi [X]^T[O_x^e][X]\} h_j(x)\mathrm{d}x[A] \qquad (2-85)$$

$$[\boldsymbol{B}_x] = \begin{bmatrix} \dfrac{1}{l_j}X_1^1 & 0 & X_2^0 \\[2mm] 0 & \dfrac{1}{l_j}X_1^1 & 0 \\[2mm] X_1^0 & 0 & -\dfrac{1}{l_j}X_2^1 \end{bmatrix} \qquad [\boldsymbol{B}_\theta] = \begin{bmatrix} nX_1^0 & \cos\varphi X_1^0 & 0 \\[2mm] \cos\varphi X_1^0 & nX_1^0 & \sin\varphi X_2^0 \\[2mm] 0 & \sin\varphi X_1^0 & nX_2^0 \end{bmatrix}$$

$[\boldsymbol{O}_x^e]$ 同式(2-47)

$$[\boldsymbol{K}_{yz}^j] = \frac{1}{2}R\rho\Omega_{yz}^2 l_j [\boldsymbol{A}]^T \int_{-1}^{+1} \{ ([\boldsymbol{B}_x]^T[\boldsymbol{B}_x]\sin^2\varphi\cos\varphi + [\boldsymbol{B}_\theta]^T[\boldsymbol{B}_\theta](1+\cos^2\varphi) -$$

$$\sin\varphi\,[\boldsymbol{X}]^T[\boldsymbol{O}_{yz}^e][\boldsymbol{X}] \} h_j(x)\mathrm{d}x[\boldsymbol{A}]$$

$$(2-86)$$

$[\boldsymbol{O}_{yz}^e]$ 同式(2-48)

$$[\boldsymbol{K}_P^j] = -2nP\Omega_x\rho Rl_j [\boldsymbol{A}]^T \int_{-1}^{+1} [\boldsymbol{X}]^T[\boldsymbol{O}_c^e][\boldsymbol{X}]\sin\varphi h_j(x)\mathrm{d}x[\boldsymbol{A}]$$

$$(2-87)$$

$[\boldsymbol{O}_c^e]$ 同式(2-49)

$$[\boldsymbol{M}^j] = \rho Rl_j [\boldsymbol{A}]^T \int_{-1}^{+1} [\boldsymbol{X}]^T[\boldsymbol{X}]\sin\varphi h_j(x)\mathrm{d}x[\boldsymbol{A}] \qquad (2-88)$$

考察上述诸矩阵中对 x 的微分关系,可以取插值函数为

$$[\boldsymbol{X}] = \begin{bmatrix} X_1 & 0 & 0 \\ 0 & X_1 & 0 \\ 0 & 0 & X_2 \end{bmatrix}$$

这与前面讨论的圆柱壳相同,于是变换矩阵$[\boldsymbol{A}]$也与前面的相同。由于这时诸矩阵不像圆柱壳那么简单,不论壁厚是否为常数,均不能简单地积出,而只能采用数值积分的方式,如六点高斯积分法。

有了圆柱壳和半球壳的单元刚度矩阵、单元质量矩阵,就可以利用它们组合成整体刚度矩阵和质量矩阵,并对其进行求解,得到圆柱壳和半球壳的谐振频率及其相应的振型。其中诸单元矩阵的形式如下:对壁厚不变的圆柱壳,利用式(2-78)~式(2-82)直接代入便可计算。对变厚度的圆柱壳则用式(2-72)~式(2-76)采用六点高斯积分法计算。对半球壳则用式(2-84)~式(2-88),也采用六点高斯法计算。对于动力学方程式(2-70),在数学上

是一个大型稀疏矩阵的广义特征值问题。本书采用的方法是 Rayleigh – Rize 子空间迭代法。表 2 – 1 给出了几种常用的边界条件及相应约束情况。

表 2 – 1　几种常用的边界条件及相应约束情况

边界条件类型	相应约束情况(s_0 为约束端)
固 支	$u(s_0) = v(s_0) = w(s_0) = w'(s_0) = 0$
简 支	$u(s_0) = v(s_0) = w(s_0) = 0$
固支且母线方向可滑动	$v(s_0) = w(s_0) = w'(s_0)$
简支且法线方向可滑动	$u(s_0) = v(s_0) = 0$
自 由	$u(s)$、$v(s)$、$w(s)$ 及导数在 s_0 无约束

▶ 2.4　旋转的轴对称壳的近似解析分析

在实际工程应用中,无论从定性分析还是定量计算来考虑,都希望能给出在误差允许的范围内简洁、直观的结果。对于深入细致地分析轴对称壳的振动,用有限元分析必不可少。但相对来说,分析过程及计算还是比较复杂的。对有些壳体参数,如何影响其振动特性也不能直观地看出。因此,在实际应用中,特别是对于工程技术人员来说,仅用有限元法进行分析有些美中不足。为此,本节将对轴对称壳的振动作近似解析分析,与 2.3 节的有限元法互作补充。

✍ 2.4.1　任意轴对称壳

轴对称壳谐振陀螺中的谐振子实为一个微幅振动的轴对称壳,其顶端为开口(底端为约束)。因此近似满足 L. R. C,即壳体中面的正应变 ε_1、ε_2 和剪应变 ε_{12} 为零。由式(2 – 3)可得

$$\begin{cases} \dfrac{\partial u}{\partial s} + \dfrac{w}{R} = 0 \\[2mm] \dfrac{\partial v}{\partial \theta} + u\cos\varphi + w\sin\varphi = 0 \\[2mm] \dfrac{\partial u}{\partial \theta} + r\dfrac{\partial v}{\partial s} - v\cos\varphi = 0 \end{cases} \qquad (2 - 89)$$

对于环向波数为 n 的对称阵型,利用式(2 – 30)有

$$
\begin{cases}
\dfrac{\mathrm{d}u(s)}{\mathrm{d}s} + \dfrac{w(s)}{R(s)} = 0 \\[3mm]
nv(s) + u(s)\cos\varphi + w(s)\sin\varphi = 0 \\[3mm]
-nu(s) + r(s)\dfrac{\mathrm{d}v(s)}{\mathrm{d}s} - v(s)\cos\varphi = 0
\end{cases}
\tag{2-90}
$$

式(2-90)是一个三元一次变系数常微分方程组。给出具体轴对称壳的几何关系，即 $R(s)$、$r(s)$、φ 之间的关系和壳体的边界条件，便可以确定沿母线方向上的振型 $u(s)$、$v(s)$、$w(s)$。然后再利用虚位移原理可求出谐振频率。

◁ 2.4.2　圆柱壳

利用圆柱体的几何关系式(2-71)，式(2-90)可写成

$$
\begin{cases}
\dfrac{\mathrm{d}u(s)}{\mathrm{d}s} = 0 \\[3mm]
nv(s) + w(s) = 0 \\[3mm]
-nu(s) + r\dfrac{\mathrm{d}v(s)}{\mathrm{d}s} = 0
\end{cases}
\tag{2-91}
$$

由式(2-91)可得

$$
\begin{cases}
u(s) = A \\[3mm]
v(s) = \dfrac{Ans}{r} + B \\[3mm]
w(s) = -n\left(\dfrac{Ans}{r} + B\right)
\end{cases}
\tag{2-92}
$$

式中：A、B 为待定系数。

假设 $s = L$ 所在的顶端为自由端，$s = 0$ 处的为约束端(图2-8)，显然对于有些约束条件是不能满足的。在近似分析的情况下，这里可以把

$$
\begin{cases}
u(s) = A \\[3mm]
v(s) = \dfrac{Ans}{r} \\[3mm]
w(s) = -\dfrac{An^2 s}{r}
\end{cases}
\tag{2-93}
$$

作为振型的近似解。

式(2-93)中：A 为常数，由振动的初始"激励"条件确定。

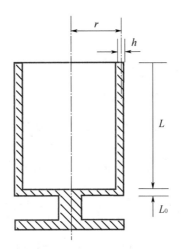

图 2 - 8　圆柱壳示意图

利用式(2 - 93)和 2.2 节中有关关系,可以得到

$$\delta W_T = - r\pi \mathrm{e}^{2\mathrm{i}\omega t}\left\{\frac{E}{(1 - \mu^2)r^4}\int_0^L g_1(n,s)h^3(s)\,\mathrm{d}s + \right.$$

$$\left. \rho\int_0^L [g_2(n,s)\Omega_{yz}^2 + g_3(n,s)\Omega_x^2]h(s)\,\mathrm{d}s\right\}A\delta A \qquad (2-94)$$

$$g_1(n,s) = \frac{1}{12}n^2(n^2 - 1)^2\left[\frac{n^2 s^2}{r^2} + 2(1 - \mu)\right]$$

$$g_2(n,s) = \frac{n^2}{2}\left[1 + \frac{s^2}{r^2}(n^4 + 3)\right]$$

$$g_3(n,s) = n^2\left[1 + \frac{s^2}{r^2}(n^4 - 2n^2 + 1)\right]$$

$$\delta W_e = \rho\pi r\mathrm{e}^{2\mathrm{i}\omega t}\int_0^L [g_4(n,s)P\Omega_x + g_5(n,s)\Omega_x^2 + g_6(n,s)\Omega_{yz}^2]h(s)\,\mathrm{d}sA\delta A$$

$$(2-95)$$

$$g_4(n,s) = -\frac{4n^2 s^2}{r^2}$$

$$g_5(n,s) = \frac{s^2}{r^2}n^2(n^2 + 1)$$

$$g_6(n,s) = \frac{1}{2}\left[2 + \frac{n^2 s^2}{r^2}(n^2 + 1)\right]$$

$$\delta T = \rho\pi r e^{2i\omega t}\int_0^L (n^2 P^2 + \omega^2)g_7(n,s)h(s)\mathrm{d}sA\delta A \qquad (2-96)$$

$$g_7(n,s) = 1 + \frac{s^2}{r^2}(n^2+1)n^2$$

将式(2-94)~式(2-96)代入式(2-50),有

$$\omega^2 = \frac{1}{m_0}(k_0 + \Omega_x^2 k_x + \Omega_{yz}^2 k_{yz} + \Omega_x P k_P) - n^2 P^2 \qquad (2-97)$$

式中

$$m_0 = \int_0^L g_7(n,s)h(s)\mathrm{d}s$$

$$k_0 = \frac{E}{\rho(1-\mu^2)r^4}\int_0^L g_1(n,s)h(s)\mathrm{d}s$$

$$k_x = \int_0^L [g_3(n,s) - g_5(n,s)]h(s)\mathrm{d}s$$

$$k_{yz} = \int_0^L [g_2(n,s) - g_6(n,s)]h(s)\mathrm{d}s$$

$$k_P = -\int_0^L g_4(n,s)h(s)\mathrm{d}s$$

当 h 为常数时,上面诸项可以积出来,约去公共的 $L\cdot h$ 后,有

$$m_0 = 1 + \frac{L^2}{3r^2}n^2(n^2+1)$$

$$k_0 = \frac{E}{\rho(1-\mu^2)r^4}\cdot\frac{n^2(n^2-1)^2}{12}\Big[\frac{n^2L^2}{3r^2} + 2(1-\mu)\Big]$$

$$k_x = n^2\Big[1 + \frac{n^2L^2}{3r^2} + (n^2-3)\Big]$$

$$k_{yz} = \frac{n^2}{2}\Big[1 + \frac{L^2}{3r^2} + (n^4-n^2+2)\Big] - 1$$

$$k_P = \frac{4n^2L^2}{3r^2}$$

式(2-97)便是考虑旋转情况下圆柱壳振动频率的计算公式。当 $\Omega = 0$ 时,对等壁厚圆柱壳:

$$\omega^2 = \frac{E}{\rho(1-\mu^2)r^2}\cdot\frac{n^2(n^2-1)^2h^2}{12r^2}\cdot\frac{\frac{n^2L^2}{3r^2}+2(1-\mu)}{1+\frac{L^2}{3r^2}n^2(n^2+1)} \qquad (2-98)$$

实际应用中,对圆柱壳有: $n^2 L^2 / r^2 \gg 1$,于是在 h 为常数的情况下,有

$$\omega^2 = \frac{1}{n^2 + 1} \left[\frac{E}{\rho(1-\mu^2)r^2} \cdot \frac{n^2(n^2-1)h^2}{12r^2} + n^2(n^2-3)\Omega_x^2 + \right.$$

$$\left. 4n^2 P\Omega_x + \frac{1}{2}(n^4 - n^2 + 2)\Omega_{yz}^2 \right] - n^2 P^2$$

$$(2-99)$$

式中: $P = K\Omega_x$,对圆柱壳 $K \approx 4/(n^2 + 1)$ (详见第 3 章)。

当圆柱壳不旋转时,其谐振频率的计算公式为

$$\omega^2 = \frac{E}{\rho(1-\mu^2)r^2} \cdot \frac{h^2}{12r^2} \cdot \frac{n^2(n^2-1)^2}{n^2+1} \qquad (2-100)$$

2.4.3　半球壳

利用半球壳的几何关系式(2-83),式(2-90)变为

$$\begin{cases} \dfrac{du(\varphi)}{d\varphi} + w(\varphi) = 0 \\[2mm] nv(\varphi) + u(\varphi)\cos\varphi + \sin\varphi w(\varphi) = 0 \\[2mm] -nu(\varphi) + \dfrac{dv(\varphi)}{d\varphi}\sin\varphi - v(\varphi)\cos\varphi = 0 \end{cases} \qquad (2-101)$$

图 2-9 给出了半球壳的结构图,其顶端 φ_F 是自由端,底端 φ_0 为固定端。

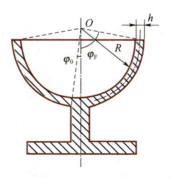

图 2-9　半球壳示意图

由式(2-101)可得

$$
\begin{cases}
u(\varphi) = \left(C_1\tan^n\dfrac{\varphi}{2} - C_2\cot^n\dfrac{\varphi}{2}\right)\sin\varphi \\[3mm]
v(\varphi) = \left(C_1\tan^n\dfrac{\varphi}{2} + C_2\cot^n\dfrac{\varphi}{2}\right)\sin\varphi \\[3mm]
w(\varphi) = -\left[\left(C_1(n+\cos\varphi)\tan^n\dfrac{\varphi}{2} + C_2(n-\cos\varphi)\cot^n\dfrac{\varphi}{2}\right)\right]
\end{cases}
$$
$$(2-102)$$

式中：C_1、C_2 为待定系数。

对于底端为固支边界条件时：
$$u(\varphi_0) = v(\varphi_0) = w(\varphi_0) = w'(\varphi_0) = 0 \qquad (2-103)$$

显然只有 $\varphi_0 = 0$ 时与 L. R. C 相容。这时阵型为

$$
\begin{cases}
u(\varphi) = v(\varphi) = C_1\tan^n\dfrac{\varphi}{2}\sin\varphi \\[3mm]
w(\varphi) = -C_1(n+\cos\varphi)\tan^n\dfrac{\varphi}{2}
\end{cases}
$$
$$(2-104)$$

式中：C_1 为任意常数，由振动的初始"激励"条件来决定。

当 $\varphi_0 \neq 0$ 时，固支边界条件(2-103)与 L. R. C 相矛盾。当 φ_0 较小时，式 (2-104)可以作为近似解；而当 φ_0 较大时，用式(2-104)作为近似解带来的误差增大，而只能用有限元法来分析。利用式(2-104)和2.2节中有关关系，可得

$$
\delta W_T = -\pi \mathrm{e}^{2i\omega t}\left\{\int_{\varphi_0}^{\varphi_F}f_1(n,\varphi)\,\frac{E}{(1+\mu^2)R^2}h^3(\varphi)\mathrm{d}\varphi + \right.
$$
$$
\left. R^2\rho\int_{\varphi_0}^{\varphi_F}\left[\Omega_x^2 f_2(n,\varphi) + \Omega_{yz}^2 f_3(n,\varphi)\right]h(\varphi)\mathrm{d}\varphi\right\}C_1\delta C_1
$$
$$(2-105)$$

$$
f_1(n,\varphi) = \frac{n^2\,(n^2-1)^2}{3\sin^3\varphi}\tan^{2n}\frac{\varphi}{2}
$$

$$
f_2(n,\varphi) = \left\{(n+\cos\varphi)^2(\sin^2\varphi+n^2)(\varphi\cos\varphi+\sin^2\varphi) + \right.
$$
$$
\left. \sin^4\varphi\left[\sin^2\varphi - 2n(n+\cos\varphi)\right]\right\}\tan^{2n}\frac{\varphi}{2}
$$

$$
f_3(n,\varphi) = \frac{1}{2}\left\{(\sin^2\varphi+n^2)(n+\cos\varphi)^2(\varphi\cos\varphi+1+\cos^2\varphi) + \right.
$$

$$\sin^2\varphi(1+\cos^2\varphi)\left[\sin^2\varphi-2n(n+\cos\varphi)\right]\Big\}\tan^{2n}\frac{\varphi}{2}$$

$$\delta W_e = \rho\pi R^2 e^{2i\omega t}\left\{\int_{\varphi_0}^{\varphi_F}\left[\Omega_x f_4(n,\varphi)P+\Omega_x^2 f_5(n,\varphi)+\right.\right.$$

$$\left.\left.\Omega_{yz}^2 f_6(n,\varphi)\right]\right\}h(\varphi)\mathrm{d}\varphi C_1\delta C_1 \qquad (2-106)$$

$$f_4(n,\varphi) = -4n^2\sin^3\varphi\,\tan^{2n}\frac{\varphi}{2}$$

$$f_5(n,\varphi) = (n^2+1)\sin^3\varphi\,\tan^{2n}\frac{\varphi}{2}$$

$$f_6(n,\varphi) = \frac{1}{2}\left[\sin^3\varphi(3+2n\cos\varphi+\cos^2\varphi)+(n+\cos\varphi)^2(1+\cos^2\varphi)\right]\sin\varphi\,\tan^{2n}\frac{\varphi}{2}$$

$$\delta T = \rho\pi R^2 e^{2i\omega t}\int_{\varphi_0}^{\varphi_F}(n^2 P^2+\omega^2)f_7(n,\varphi)h(\varphi)\mathrm{d}\varphi C_1\delta C_1 \qquad (2-107)$$

$$f_7(n,\varphi) = (\sin^2\varphi+2n\cos\varphi+n^2+1)\tan^{2n}\frac{\varphi}{2}\sin\varphi$$

将式(2-105)~式(2-107)代入式(2-50),可得

$$\omega^2 = \frac{1}{m_0}(k_0+\Omega_x^2 k_x+\Omega_{yz}^2 k_{yz}+P\Omega_x k_P)-n^2 P^2 \qquad (2-108)$$

$$m_0 = \int_{\varphi_0}^{\varphi_F}f_7(n,\varphi)h(\varphi)\mathrm{d}\varphi$$

$$k_0 = \frac{E}{\rho(1+\mu^2)R^4}\int_{\varphi_0}^{\varphi_F}f_1(n,\varphi)h^3(\varphi)\mathrm{d}\varphi$$

$$k_x = \int_{\varphi_0}^{\varphi_F}\left[f_2(n,\varphi)-f_5(n,\varphi)\right]h(\varphi)\mathrm{d}\varphi$$

$$k_{yz} = \int_{\varphi_0}^{\varphi_F}\left[f_3(n,\varphi)-f_6(n,\varphi)\right]h(\varphi)\mathrm{d}\varphi$$

$$k_P = -\int_{\varphi_0}^{\varphi_F}f_4(n,\varphi)h(\varphi)\mathrm{d}\varphi$$

式(2-108)即为考虑半球壳旋转时的谐振频率的计算公式。当 $\Omega=0$ 时,式(2-108)变为

$$\omega^2 = \frac{E}{\rho(1+\mu)R^4}\cdot\frac{n^2(n^2-1)^2}{3}\cdot\frac{I(n,h)}{J(n,h)} \qquad (2-109)$$

$$I(n,h) = \int_{\varphi_0}^{\varphi_F}A(\varphi)h^3(\varphi)\mathrm{d}\varphi$$

$$J(n,h) = \int_{\varphi_0}^{\varphi_F} B(\varphi)h(\varphi)\,\mathrm{d}\varphi$$

$$A(\varphi) = \frac{1}{\sin^3\varphi}\tan^{2n}\frac{\varphi}{2}$$

$$B(\varphi) = (n^2 + 1 + \sin^2\varphi + 2n\cos\varphi)\sin\varphi\tan^{2n}\frac{\varphi}{2}$$

▶2.5 圆柱壳谐振频率的计算

本节结合 2.7 节的 $1^\#$ 和 $2^\#$ 两个圆柱壳实验样件进行有关分析计算,它们均为上端自由,下端"固支",但其实际结构略有不同。$1^\#$ 圆柱壳低端厚度 L_0 较薄,$2^\#$ 圆柱壳底部 L_0 相对较厚,参见图 2-10;另外设计一个 $3^\#$ 为计算参考圆柱壳。其物理、几何参数列于表 2-2。

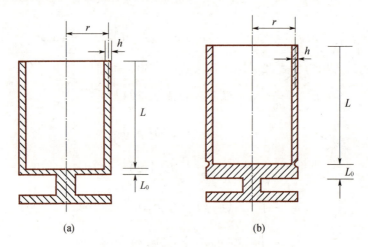

图 2-10 圆柱壳实际结构示意图

(a) $1^\#$ 圆柱壳;(b) $2^\#$ 圆柱壳。

表 2-2 圆柱壳样件参数值

圆柱壳样件	E/Pa	ρ/(kg/m³)	μ	L/m	L_0/m	r/m	h/m
$1^\#$	1.911×10^{11}	7.85×10^3	0.3	80×10^{-3}	3×10^{-3}	23.5×10^{-3}	1×10^{-3}
$2^\#$	1.911×10^{11}	7.85×10^3	0.3	60×10^{-3}	10×10^{-3}	14.85×10^{-3}	0.3×10^{-3}
$3^\#$	1.911×10^{11}	7.85×10^3	0.3	30×10^{-3}		23.5×10^{-3}	1×10^{-3}

　　采用有限元计算,通常单元数增加,计算时间增长,计算精度提高,因此选取恰当的单元数进行计算是十分重要的。对 1# 圆柱壳,表 2 - 3 给出了用等单元划分、取不同单元数目的计算结果,用来研究有限元解的收敛过程。表 2 - 4 给出了不同单元数相对 9 个单元计算结果的误差。对比表 2 - 3 和表 2 - 4 得知:采用 2 个单元得到的解,误差小于 2.5%;3 个单元,小于 0.4%;4 个单元,则仅有 0.05%。因此,可以把表 2 - 3 中,按 9 个单元计算的结果作为有限元法收敛解。本书以后对圆柱壳的有限元法计算,均按 2 个单元进行。

表 2 - 3　有限元法计算谐振频率 ω/Hz 取不同单元的结果

边界条件 ＼ 单元数 n		1	2	3	4	9
固支	2	2724.4	2359.5	2352.2	2350.2	2349.5
	3	3599.9	3487.4	3482.7	3481.7	3481.3
	4	6413.3	6352.3	6345.3	6344.1	6343.6
固支且母线方向可滑动	2	2163.7	1275.0	1250.8	1274.0	1246.4
	3	3489.7	3343.4	3333.7	3331.8	3331.3
	4	6381.8	6321.0	6313.0	6311.4	6310.9

表 2 - 4　不同单元的计算结果对 9 个单元结果的误差

边界条件 ＼ 单元数 n		1	2	3	4
固支	2	15.96%	0.43%	0.11%	0.03%
	3	3.14%	0.18%	0.04%	0.01%
	4	1.08%	0.14%	0.03%	0.01%
固支且母线方向可滑动	2	82.64%	2.31%	0.35%	0.05%
	3	4.75%	0.36%	0.07%	0.02%
	4	1.12%	0.16%	0.03%	0.01%

2.5.1　边界结构对圆柱壳振动的影响

　　对同一壳体,边界的结构形式不同,振动能量的分布也不同。所以边界结构的变化对振动模态是有影响的,只是程度不同而已。对某些振动问题,影响不大;而对另一些振动问题,则影响很大。所以研究边界条件对振动的影响是关系到选择振动壳体的结构形式问题。是一项很有实际意义的研究工作。

图 2-10 所示的 $1^{\#}$、$2^{\#}$ 圆柱壳,边界结构形式不同,计算和实验均表明对振动模态有影响。表 2-5 给出了对 $1^{\#}$、$2^{\#}$ 圆柱壳用几种方法计算得到的结果和相应的实验值,图 2-11 给出了按式(2-93)得到的振型,图 2-12 给出了用有限元法计算固支边界条件得到的振型。

表 2-5 谐振频率 ω/Hz 的比较

样件 n / 计算方法		式(2-98)计算	式(2-100)计算	有限元固支边界	有限元固支且母线可滑动	实验值
$1^{\#}$	2	1198	1155	2360	1275	1271
	3	3326	3266	3488	3343	3260
	4	6329	6262	6352	6321	6161
$2^{\#}$	2	889	868	2517	1060	1820
	3	2483	2454	2755	2541	2737
	4	4737	4705	4797	4759	4921

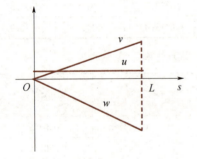

图 2-11 式(2-93)得到的振型　　　　图 2-12 固支边界条件下振型

从表 2-5 看出:对 $n \geqslant 3$,不论是 $1^{\#}$ 还是 $2^{\#}$ 圆柱壳,几种计算结果和实验值都比较吻合。而对 $n=2$,有限元法计算固支边界条件得到的结果与其他几种计算结果相差很大。对 $1^{\#}$ 圆柱壳,按固支边界条件计算的结果与实验值相差很大,而其他计算的结果与实验值较吻合。其中用有限元法计算固支且母线方向可滑动的边界条件得到的结果最吻合;对 $2^{\#}$ 圆柱壳,几种方式计算的值与实验值均相差较大,相对而言,由固支边界条件得到的值较接近于实验值。这反映出 $1^{\#}$、$2^{\#}$ 圆柱壳有着不同的边界结构形式。

理论上,在 $s=0$ 端的固支边界条件是 $u(s)=v(s)=w(s)=w'(s)\big|_{s=0}=$

0 。在 2.4.2 节中对圆柱壳的近似计算并未对母线方向上的位移 $u(s)$ 在 $s = 0$ 处进行约束,相当于只约束了 $v(s)$ 和 $w(s)$(见式(2 – 93)),所以用式(2 – 98) 或式(2 – 100)近似公式计算与按固支边界条件由有限元法计算得到的结果, 实际上是在不同形式的边界条件下得到的,自然振型也不同(图 2 – 11 和 图 2 – 12)。

对于 $n \geqslant 3$ 时,计算和实验取得较一致的结果是由于圆柱壳在顶端开口情 况下,底端的约束形式对其谐振频率的影响不明显;而对 $n = 2$ 时,在上述结构 形式下,边界条件变化对其谐振频率的影响则很明显。为进一步说明问题,表 2 – 6 给出了圆柱壳约束端为不同边界条件时谐振频率。

表 2 – 6　有限元计算不同边界条件下的谐振频率 ω/Hz

样件 n	边界条件	$u = v = w$ $= w' = 0$	$u = v =$ $w = 0$	$u = v = 0$	$v = w =$ $w' = 0$	$v = w = 0$	无约束 (自由)
1#	2	2359.5	2336.2	2330.6	1275.3	1193.7	1150.3
	3	3487.4	3481.3	3479.9	3343.3	3313.6	3252.7
	4	6352.3	6348.8	6347.9	6321.0	6306.2	6236.2
2#	2	2517.5	2491.5	2485.4	1060.0	908.0	866.7
	3	2754.7	2749.0	2747.3	2540.5	2533.7	2450.8
	4	4797.0	4795.5	4794.8	4758.6	4832.1	4699.3

从表 2 – 6 中可知:$n = 2$ 时的谐振频率,对底端母线方向的位移是否很敏 感,而对其他方向的位移是否约束则不敏感。对 $n \geqslant 3$ 的振动,边界条件对谐 振频率的影响较小。

对比表 2 – 5 和表 2 – 6 可看出:用有限元法计算,边界条件是 $v = w = 0$ 时的结果与近似公式(2 – 98)计算的结果很吻合;用有限元法计算在自由边界 条件下的结果与近似公式(2 – 100)计算的结果很吻合。这表明:2.4.2 节中 的分析,式(2 – 97)、式(2 – 98)反映的边界条件为 $v = w = 0$;而式(2 – 99)、 式(2 – 100)则反映的是自由边界条件。图 2 – 13 给出了用有限元法计算只约 束 v 和 w 的振型曲线和自由边界条件下的振型曲线。

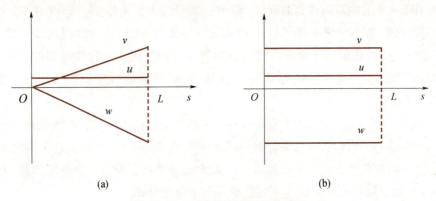

(a)   (b)

图 2 – 13   顶端开口圆柱壳的振型

(a) 约束 v 和 w；(b) 自由边界条件。

在 2.5.4 节中，导出了约束 u 的较准确的近似公式，便于工程计算。

从能量的观点看，壳体振动势能包括弯曲、扭转和拉伸三部分。拉伸成分主要体现在母线方向上的位移 $u(s)$ 上。由于壳体顶端是自由的，则 $u(s)\big|_{s=L=0} \neq 0$，如果在 $s = 0$ 处约束了 $u(s)$，那么 $u(s)$ 在母线方向上总有变化（图 2 – 12）。由式（2 – 3）知：$\varepsilon_1 \neq 0$。由式（2 – 9）的势能函数知：λ_1、λ_2、τ 引起的势能与 $h^3(s)$ 成正比。而 ε_1 引起的势能与 $h(s)$ 的一次方成正比。所以在约束 $u(s)$ 的条件下，振动势能中，拉伸的成分增加了，谐振频率上升了。$n \geq 3$ 时，振型在环向分布变密，拉伸能量的成分相应减少，从而对谐振频率影响不大。

2.5.2　旋转对圆柱壳谐振频率的影响

下面讨论圆柱壳旋转时对谐振频率的影响。

表 2 – 7 给出了用不同方法计算 $1^{\#}$ 圆柱壳的谐振频率。可以看出：$\Omega_x = \Omega_{yz} = 400°/\text{s}$ 时，谐振频率的变化率小于 10^{-6}。由式（2 – 97）可得：在一般条件下，Ω_x^2、Ω_{yz}^2 引起谐振频率的变化率 σ_x、σ_{yz} 分别为

$$\sigma_x = \frac{\Delta\omega}{\omega}\bigg|_{\Omega_{yz}=0} = \frac{1}{2}\left(\frac{k_x + K k_P}{m_0} - n^2 K^2\right)\frac{\Omega_x^2}{\omega_0^2} \qquad (2-110)$$

$$\sigma_{yz} = \frac{\Delta\omega}{\omega}\bigg|_{\Omega_x=0} = \frac{k_{yz}}{2m_0} \cdot \frac{\Omega_{yz}^2}{\omega_0^2} \qquad (2-111)$$

由式(2-110)、式(2-111)可以评估旋转角速度对半球壳谐振子谐振频率的影响规律,显然 Ω_x^2、Ω_{yz}^2 引起谐振频率的相对变化率 σ_x、σ_{yz} 与 ω_0^2 成反比,即与材料的弹性模量 E、壁厚 h 的平方成反比,与材料的密度 ρ 及半径 r 的四次方成正比。由于 Ω^2/ω_0^2 是个小量,所以圆柱壳谐振子的谐振频率变化非常小。

表 2-7 不同方法计算得到的 ω/Hz

计算方法 $(\Omega_x,\Omega_{yz})/(°/s)$ n	有限元(固支边界)		式(2-97)	
	(0,0)	(400,400)	(0,0)	(400,400)
2	2359.424	2359.423	1198.052	1198.053
3	3487.352	3487.352	3326.050	3326.050
4	6352.283	6352.283	6329.253	6329.254

2.5.3 圆柱壳参数对谐振频率的影响

对于 $n \geq 3$ 和圆柱壳结构,类似于图 2-10(a)的形式,可用近似解析法分析。其谐振频率随着 n 的增加而单调增加,与 $\left(\dfrac{E}{\rho}\right)^{\frac{1}{2}}\dfrac{h}{r^2}$ 成正比。壳体长度 L 对谐振频率的影响程度随 r/L 的增大而增大。

对于圆柱壳的结构,类似于图 2-10(b)的形式,$n=2$ 的振动,其谐振频率随 L 的变化较明显。表 2-8 给出用有限元法计算的圆柱壳在不同长度 L 时的谐振频率(其他参数同 1# 圆柱壳)。

由表 2-8 看出:随着长度 L 的增加,谐振频率减少,且逐渐接近于用式(2-100)计算的结果。当 n 增加时,谐振频率随 L 变化的敏感程度逐渐减弱。

表 2-8 圆柱壳不同长度时的谐振频率 ω/Hz

n \ L/m	30×10^{-3}	60×10^{-3}	80×10^{-3}	120×10^{-3}	180×10^{-3}	240×10^{-3}
2	9291	3546	2360	1523	1247	1188
3	6799	3814	3488	3330	3286	3275
4	7758	6467	6352	6294	6274	6270

表 2 – 9 给出了不同直径时的谐振频率。壳体其余参数同 3[#] 圆柱壳。从表 2 – 9 看出:当直径 D 增加时,对 $n = 2$,谐振频率略有增加,而对 $n \geqslant 3$ 谐振频率减小。谐振频率随 D 的敏感程度随 n 单调增加。

表 2 – 9 圆柱壳不同直径时的谐振频率 ω/Hz

D/m n	30×10^{-3}	47×10^{-3}	60×10^{-3}
2	8381	9291	9593
3	9528	6799	6733
4	16073	7758	6144

表 2 – 10 给出了不同壁厚值的谐振频率;壳体其他参数同 1[#] 圆柱壳。从表 2 – 10 看出:对 $n = 2$,壁厚 h 增加,谐振频率增加,但程度不大,对 $n \geqslant 3$,谐振频率基本上与壁厚成正比。

表 2 – 10 圆柱壳不同壁厚时的谐振频率 ω/Hz

h/m n	0.5×10^{-3}	1×10^{-3}	2×10^{-3}
2	2111	2360	3160
3	1959	3487	6725
4	3227	6352	12625

上述结论,均是在 $h(s) = $ 常数的情况下得到的。实际加工中难以保证 $h(s)$ 恒定不变,因此研究变壁厚的壳体是有现实意义的。这里主要研究 $h(s)$ 均匀变化的情况。对于图 2 – 10(a)所示的圆柱壳,用式(2 – 97)进行分析。记 $T_0 = h(s) \mid_{s=0}$,$T_F = h(s) \mid_{s=L}$。

表 2 – 11 给出了 $h(s)$ 均匀变化时,保持 T_0 不变,T_F 取不同值,由式(2 – 97)计算 1[#] 圆柱壳得到的谐振频率值。

表 2 – 11 式(2 – 97)计算 1[#] 圆柱壳的谐振频率 ω/Hz

n $(\Omega_x, \Omega_{yz})/(°/\mathrm{s})$ $(T_0, T_F)/\mathrm{mm}$	2		3		4	
	(0,0)	(400,400)	(0,0)	(400,400)	(0,0)	(400,400)
(1,0.5)	800.3442	800.3453	2187.434	2187.435	4136.970	4136.971
(1,1)	1198.052	1198.053	3326.050	3326.050	6329.253	6329.254
(1,2)	2106.536	2106.536	5887.105	5887.105	11231.66	11231.66

由式(2 - 97)可知,在其他参数不变时,如果 $h_2(s) = 2h_1(s)$,那么 $h_2(s)$ 对应的谐振频率 ω_2 与 $h_1(s)$ 对应的谐振频率 ω_1 的关系是 $\omega_2 = 2\omega_1$。于是利用表 2 - 11 可以得到壁厚均匀变化时,T_F 不变,T_0 取不同值时的谐振频率。以 $\omega(T_0, T_F)$ 记为壁厚 (T_0, T_F) 时的谐振频率;那么 $\omega(2, 1) = 2\omega(1, 0.5)$,$\omega(0.5, 1) = 0.5\omega(1, 2)$。这样由表 2 - 11 可知,$\omega(1, 0.5)$ 与 $\omega(1, 1)$ 很接近,$\omega(2, 1)$ 比 $\omega(1, 2)$ 接近于 $\omega(1, 1)$。这说明:T_0 不变、T_F 变化,与 T_F 不变、T_0 变化对谐振频率的影响不同,前者的影响比后者大。当 $T_F/T_0 \geqslant 1$ 时,谐振频率基本上与 T_F 成正比。而当 $T_F/T_0 < 1$ 时,T_F 对 ω 的影响程度减弱。

另外由表 2 - 11 可得:旋转对谐振频率的影响程度随谐振频率的增加而减小。这与 2.5.2 节得到的有关结论是一致的。

表 2 - 12 给出了 $h(s)$ 均匀变化时,用有限元法计算图 2 - 10 (b)的 2# 圆柱壳得到的谐振频率值。

表 2 - 12　固支边界条件下 2# 圆柱壳的谐振频率 ω/Hz

n $(\Omega_x, \Omega_{yz})/(°/s)$ (T_0, T_F)/mm	2		3		4	
	(0,0)	(400,400)	(0,0)	(400,400)	(0,0)	(400,400)
(0.3, 0.15)	2897.028	2897.028	2096.785	2096.785	2999.723	2999.723
(0.3, 0.6)	2510.159	2510.159	4548.968	4548.969	7591.959	7591.959
(0.3, 0.3)	2517.552	2517.552	2754.718	2754.710	4797.079	4797.077
(0.6, 0.3)	3061.633	3061.632	3383.050	3383.049	5708.433	5708.433
(0.15, 0.3)	2089.482	2089.482	2443.083	2443.083	4238.543	4238.558

由表 2 - 12 看出:当 $n = 2$ 时,T_0 对谐振频率的影响程度要比 T_F 对谐振频率的影响程度大。T_0 不变,T_F 增加,谐振频率减小;T_F 不变,T_0 增加时谐振频率增加。当 $n \geqslant 3$ 时,T_0 对谐振频率的影响程度要比 T_F 对谐振频率的影响程度小。且不论哪一端壁厚增加,其谐振频率都是增加的。

从表 2 - 12 还可得知:当壳体壁厚 $h(s)$ 变化时,圆柱壳的谐振频率受"旋转"的影响很小。

⊿ 2.5.4　圆柱壳固支边界条件下谐振频率的近似公式

下面按一端开口、另一端是固支边界条件的振型来推导圆柱壳计算谐振频率的近似公式,由于"旋转"对谐振频率的影响很小,故这里不再考虑其影响。

基于前面的分析讨论,结合图 2 - 11 ~ 图 2 - 13 所示的几种典型的圆柱壳边界条件下的母线方向的振型示意图,对于图 2 - 10 所示的顶端开口、底端约束的圆柱壳,其轴线方向位移 $u(s)$ 是否约束对其谐振频率的影响很大,特别是实用中的 $n = 2$ 模态;而其他位移是否约束影响很小。其次实验样件 $1^{\#}$、$2^{\#}$ 有着完全不同的约束状态。$1^{\#}$ 实验样件约束端的边界条件接近于对 $u(s)$ 不约束的情况,即这个样件的约束端对 $u(s)$ 的约束程度很小;而 $2^{\#}$ 实验样件的实际约束情况既不同于约束 $u(s)$ 的,又不同于不约束 $u(s)$ 的,基本上介于两者之间,即 $2^{\#}$ 实验样件对 $u(s)$ 的约束程度明显高于 $1^{\#}$。

由表 2 - 2 可知:这两个实验样件的主要差别就是 l_0/h 值的不同。$1^{\#}$、$2^{\#}$ 样件的 L_0/h 分别为 3 和 33,相差很大。因此底端结构对有效的圆柱壳敏感部分的谐振频率影响很大;这表明对图 2 - 10 结构的圆柱壳底端约束条件的描述很重要。但通过上述分析,特别是对 $2^{\#}$ 样件结果的比较,采用常规的方法显然是不行的,不能准确描述约束情况。

由上面的分析可知,对于图 2 - 10 所示的圆柱壳,当 L_0/h 较小时,基本上不约束 $u(s)$ 或约束程度很小,当 $L_0/h \to \infty$ 时,$u(s)$ 完全被约束。实用中 L_0/h 总是一个有限的值,所以 L_0/h 的大小就直接决定了约束端 $u(s)$ 的约束程度。结合图 2 - 11 ~ 图 2 - 13 的振型示意图和 L. R. C 得到的振型式(2 - 93)可知:实际的圆柱壳的轴线方向位移 $u(s)$ 可用图 2 - 14 表示。当它是理想的固支时,$u(0) = 0$,$t_u = 1$;当它是理想的自由端时,$u(0) = u(L)$,$t_u = 0$。所以可引入一个能反映约束端约束状态的无量纲参数 t_u,定义为约束因子;即实际的圆柱壳的约束因子介于 0 ~ 1 之间。

基于式(2 - 29),圆柱壳谐振子的振动位移可以描述为

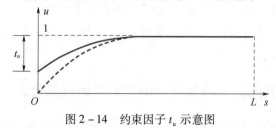

图 2 - 14　约束因子 t_u 示意图

$$\begin{bmatrix} u(s,\theta,t) \\ v(s,\theta,t) \\ w(s,\theta,t) \end{bmatrix} = \begin{bmatrix} \cos n\theta & 0 & 0 \\ 0 & \sin n\theta & 0 \\ 0 & 0 & \cos n\theta \end{bmatrix} \begin{bmatrix} u(s) \\ v(s) \\ w(s) \end{bmatrix} e^{i\omega t} \qquad (2-112)$$

图 2－12 是用有限元法计算得到的固支边界条件下的振型曲线,母线方向的振型可以近似写成

$$\begin{cases} u(s) = \begin{cases} (1-t_u)A + \dfrac{As}{gL} & t_u \in [0,1], s \in [0, gt_uL], gt_u \in [0,1] \\[2mm] A & s \in [gt_uL, L] \end{cases} \\[6mm] v(s) = \dfrac{Ans}{r} \\[4mm] w(s) = -\dfrac{An^2 s}{r} \end{cases}$$

$$(2-113)$$

式中: A 为常数,由振动的初始"激励"条件确定; t_u 为 $u(s)$ 的约束因子; g 为优化参数。

利用式(2－112)、式(2－113)和2.2节中的有关关系,可得

$$\begin{cases} \varepsilon_1 = \begin{cases} \dfrac{A}{gL}\cos n\theta & t_u \in [0,1], s \in [0, gt_uL], gt_u \in [0,1] \\[2mm] 0 & s \in [gt_uL, L] \end{cases} \\[6mm] \varepsilon_2 = 0 \\[3mm] \varepsilon_{12} = \begin{cases} \dfrac{An}{r}\left(t_u - \dfrac{s}{gL}\right)\sin n\theta & t_u \in [0,1], s \in [0, gt_uL], gt_u \in [0,1] \\[2mm] 0 & s \in [gt_uL, L] \end{cases} \end{cases}$$

$$(2-114)$$

$$\begin{cases} \lambda_1 = 0 \\[2mm] \lambda_2 = -\dfrac{n^2 As}{r^3}(n^2-1)\cos n\theta \\[3mm] \tau = \dfrac{2nA}{r^2}(n^2-1)\sin n\theta \end{cases} \qquad (2-115)$$

由式(2－9)得知:在势能函数中, ε_1、ε_2、ε_{12} 引起的势能与 $h(s)$ 一次方成正比,而 λ_1、λ_2、τ 引起的势能与 $h(s)$ 三次方成正比,对于一般的圆柱壳, $h/r \ll 1$,

所以当 $\varepsilon_1 \neq 0$ 或 $\varepsilon_2 \neq 0$ 或 $\varepsilon_{12} \neq 0$ 时,它们引起的势能很大。在式(2-112)、式(2-113)的振型假设下,ε_1 不连续,这显然与实际情况相矛盾,因此在建立势能函数时,对 ε_1、ε_2、ε_{12} 引起的势能应进行加权处理,这样势能可写为

$$U = \frac{1}{2} \int_{A_C} \left[Rh(s) \left(\varepsilon_1^2 + \varepsilon_2^2 + \frac{1-\mu}{2} \varepsilon_{12}^2 \right) + \right.$$
$$\left. \frac{E}{1-\mu^2} \cdot \frac{h^3(s)}{12} \left(\lambda_1^2 + \lambda_2^2 + \frac{1-\mu}{2} \tau^2 \right) \right] dA_C \quad (2-116)$$

式中:A_C 为圆柱壳的中柱面积分面积;R 为权因子。

将式(2-114)、式(2-115)代入式(2-116),则有

$$U = \frac{1}{2(1-\mu^2)} r\pi E e^{2i\omega t} A^2 \left\{ \int_0^{gt_uL} R \left[\frac{1}{g^2L^2} + \frac{1-\mu}{2} \cdot \frac{n^2}{r^2} \left(t_u - \frac{s}{kL} \right)^2 \right] h(s) ds + \right.$$
$$\left. \int_0^L \left[\frac{n^4}{r^6} (n^2-1)^2 s^2 + \frac{2n^2}{r^4} (n^2-1)^2 (1-\mu) \right] \frac{h^3(s)}{12} ds \right\}$$
$$(2-117)$$

由式(2-117)可知

$$\delta W = -\frac{r\pi E e^{2i\omega t}}{1-\mu^2} A \delta A \left\{ \int_0^{gt_uL} R \left[\frac{1}{g^2L^2} + \frac{1-\mu}{2} \cdot \frac{n^2}{r^2} \left(t_u - \frac{s}{kL} \right)^2 \right] h(s) ds + \right.$$
$$\left. \int_0^L \frac{n^2(n^2-1)^2}{r^4} \cdot \frac{h^3(s)}{12} \left[\frac{n^2 s^2}{r^2} + 2(1-\mu) \right] ds \right\}$$
$$(2-118)$$

类似地,振动惯性力的虚功为

$$\delta T = r\rho\pi e^{2i\omega t} \omega^2 A \delta A \left\{ \int_0^{gt_uL} \frac{s^2}{k^2L^2} h(s) ds + \int_{gt_uL}^L h(s) ds + \right.$$
$$\left. \int_0^L \frac{n^2(n^2+1)}{r^2} s^2 h(s) ds \right\}$$
$$(2-119)$$

结合式(2-118)、式(2-119),对于等厚度的圆柱壳谐振子,利用能量泛函原理可得圆柱壳谐振子的谐振频率为

$$\omega^2 = \frac{E \left\{ Rf(g) + \frac{n^2(n^2-1)^2 h^2}{12r^4} \left[\frac{n^2L^2}{3r^2} + 2(1-\mu) \right] \right\}}{\rho(1-\mu^2) \left[1 - gt_u^2 + \frac{gt_u^3}{3} + \frac{n^2(n^2+1)L^2}{3r^2} \right]} \quad (2-120)$$

$$f(g) = \frac{t_u}{gL^2} + \frac{(1-\mu)n^2 gt_u^3}{6r^2} \quad (2-121)$$

对于优化参数 g，可以利用弹性势能或 $f(g)$ 取最小获得。下面给出使 $f(g)$ 达到最小时的解为

$$
f_{\min}(g) = \begin{cases} \dfrac{nt_u^2}{rL}\left[\dfrac{2(1-\mu)}{3}\right]^{0.5} & 1 \geqslant gt_u = \dfrac{r}{nL}\left(\dfrac{6}{1-\mu}\right)^{0.5} > 0 \\ \left[\dfrac{1}{L^2} + \dfrac{n^2(1-\mu)}{6r^2}\right]t_u^2 & gt_u = 1,\ \dfrac{r}{L} > n\left(\dfrac{1-\mu}{6}\right)^{0.5} \end{cases}
$$

$$(2-122)$$

即

$$
\omega^2 = \dfrac{E}{\rho(1-\mu^2)} \cdot \dfrac{Rf_{\min}(g) + \dfrac{n^2(n^2-1)^2 h^2}{12r^4}\left[\dfrac{n^2L^2}{3r^2} + 2(1-\mu)\right]}{1 - gt_u^2 + \dfrac{gt_u^3}{3} + \dfrac{n^2(n^2+1)L^2}{3r^2}}
$$

$$(2-123)$$

对于权因子 R 的选取，可给出一个经验公式：

$$R = 0.63 \qquad (2-124)$$

基于上述分析，对于典型的固支边界条件，$t_u = 1$。

表 2-13 给出了利用式（2-123）（$t_u = 1$，$R = 0.63$）和 2.3.2 节的有限元法（底端边界条件取固支 $u = v = w = w' = 0$）计算不同有效长度 L 的圆柱壳的谐振频率。圆柱壳的其他参数同 1# 样件。为便于比较，表中同时列出了解析解与有限元数值解的相对误差。针对典型的固支边界条件，对 2# 圆柱壳，用式（2-123）计算相对用有限元法计算的误差小于 4%。

由表 2-13 看出：近似公式（2-123），在式（2-124）权因子 R 值的取法下，具有较高的精度，可以满足工程用需要。

式（2-123）、式（2-124）给出的近似公式是对理想的固支边界条件而言的。实际圆柱壳的边缘结构与理论上的固支边界条件总有一定的差距，对前面所研究的图 2-10(b) 的结构形式而言，L_0/L 越大，就越与理论上固支边界相接近，显然 L_0/L 减小时，约束因子 t_u 应相应地减少。

表 2-14 给出了取不同约束因子时，计算 2# 样件的谐振频率。与表 2-37 中的实验值比较，2# 样件的约束因子 t_u 约为 0.65。

由表 2-13、表 2-14 可知，这里导出的计算图 2-10 所示圆柱壳的固有频率的近似公式（2-123）在加权因子 $R = 0.63$ 的取值下满足工程设计需要。

表 2 - 13　不同 L 下的圆柱壳的谐振频率/Hz 及误差

计算方法及误差	n	L/m					
		30×10^{-3}	60×10^{-3}	80×10^{-3}	120×10^{-3}	180×10^{-3}	240×10^{-3}
由式(2-123)计算	2	8758	3303	2328	1602	1306	1222
	3	6222	3814	3522	3353	3296	3280
	4	7516	6491	6376	6306	6279	6271
有限元解	2	9291	3546	2360	1523	1247	1188
	3	6799	3814	3488	3330	3286	3275
	4	7758	6467	6352	6294	6274	6270
计算误差	2	-5.74%	-6.85%	1.36%	5.19%	4.73%	2.86%
	3	-8.49%	0	0.97%	0.69%	0.30%	0.15%
	4	-3.12%	0.37%	0.38%	0.19%	0.08%	0.02%

表 2 - 14　不同约束因子 t_u 下的圆柱壳频率/Hz

n	t_u					
	0.4	0.5	0.6	0.7	0.8	0.9
2	1323	1512	1716	1929	2149	2373
3	2550	2585	2627	2676	2732	2793
4	4755	4764	4774	4786	4800	4816

此外当 $t_u = 0$ 时,式(2-123)将转变为式(2-98)。

2.5.5　圆柱壳振动特性小结

本节对一端开口、一端约束的 $1^{\#}$、$2^{\#}$ 圆柱壳用多种方法进行了分析,得到了一些关于这类圆柱壳的结论,现将主要的归纳如下:

(1)圆柱壳底端的结构形式决定着约束端实际的边界条件,准确反映它的边界条件形式十分重要,特别对母线方向的位移 $u(s)$,受不受约束对环向振形 $n = 2$ 的谐振频率影响很大。若结构形式与图 2-10(a)类似时,可认为 $u(s)$ 不受约束。而类似于图 2-10(b)时,则 $u(s)$ 受约束。约束的程度与 L_0/L 有关,对 $n = 2$ 的振动,约束时的谐振频率显著地高于不约束 $u(s)$ 时的谐振频率。

(2)圆柱壳绕惯性空间旋转时对壳体的谐振频率影响极小。Ω_x^2、Ω_{yz}^2,即惯性过载引起的谐振频率变化率与其不旋转时谐振频率的平方成反比。

（3）圆柱壳厚 $h(s)$ 变化时，对其谐振频率的影响比较大。对于 $1^{\#}$ 圆柱壳的结构，顶端（自由端）处的壁厚变化对谐振频率的影响比底端（即约束端）的影响大；对于 $2^{\#}$ 圆柱壳的结构，$n \geqslant 3$ 时，有关结论与上述结论相同，而对 $n = 2$ 时，底端（固支端）处的壁厚变化对谐振频率的影响要比顶端（自由端）的大。从谐振子工作时稳其谐振频率的角度出发，圆柱壳加工时，应在影响谐振频率较大的范围提高加工精度，没有特殊要求时，建议在实际中采用等壁厚的圆柱壳。

2.6　半球壳谐振频率的计算

对于实际制造半球谐振陀螺的熔凝石英，材料的有关参数为：$E = 7.6 \times 10^{10}\,\mathrm{Pa}$，$\rho = 2.65 \times 10^{3}\,\mathrm{kg/m^3}$，$\mu = 0.17$，利用式（2 - 109）可以反推出表 1 - 3 所列 HRG158、HRG130、HRG115 谐振子壁厚大致分别为 1.9mm、0.97mm、0.47mm。

下面的计算、分析主要针对 3 个样件进行，$1^{\#}$ 半球壳为用于计算的主要样件，$2^{\#}$ 是实验的样件，其结构如图 2 - 9 所示。$3^{\#}$ 样件只是壁厚与 $1^{\#}$ 样件不同。它们的参数见表 2 - 15，需说明的是对 $2^{\#}$ 实验样件，壁厚 h 是在半球壳顶端即 φ_F 处实测的结果。其实际的壁厚与理想的半球壳有一定的误差，特别是壁厚和母线方向的曲率变化较大。

表 2 - 15　半球壳样件参数值

样件编号	E/Pa	$\rho/(\mathrm{kg/m^3})$	μ	R/m	h/m	$(\varphi_0, \varphi_F)/(°)$
$1^{\#}$	1.911×10^{11}	7.85×10^{3}	0.3	50×10^{-3}	0.5×10^{-3}	(0,90)
$2^{\#}$	1.911×10^{11}	7.85×10^{3}	0.3	24.65×10^{-3}	0.5×10^{-3}	(5.83,90)
$3^{\#}$	1.911×10^{11}	7.85×10^{3}	0.3	50×10^{-3}	1×10^{-3}	(0,90)

表 2 - 16 给出了按有限元法，采用等单元计算 $1^{\#}$ 半球壳（顶端开口，底端固支）取不同的单元数时的计算结果，用来研究有限元解的收敛过程。

表 2 - 17 给出了采用不同的等单元数计算的结果对用 9 个等单元计算结果的误差。

根据表 2 - 16、表 2 - 17 的结果，在下面半球壳的有限元计算中，对 $n =$

2 ,可用 3 个单元;而 $n \geq 3$,可用 4 个单元计算。

为便于分析、比较,引入无量纲频率:

$$\Omega = \omega R \left[\frac{(1 - \mu^2)\rho}{E} \right]^{1/2} \qquad (2-125)$$

表 2-16　有限元计算谐振频率 ω/Hz 的收敛过程(计算 1# 样件)

单元数　　n	1	2	3	4	5
2	258.34	207.28	203.55	203.06	202.47
3	1749.33	636.32	566.55	559.99	557.84
4	3622.27	1287.14	1083.83	1061.54	1054.30

表 2-17　不同单元对 9 个单元计算的误差

单元数　　n	1	2	3	4
2	27.59%	2.38%	0.53%	0.29%
3	213.59%	14.07%	1.56%	0.39%
4	243.67%	22.12%	2.83%	0.72%

表 2-18 给出了用本书的有限元法和近似公式(2-109)计算的结果,并列出了有关文献的结果。文献[12]为计算值,文献[4]为实验值。由表 2-18 看出:与实验值[4]相比,用本书的有限元法得到的结果最吻合。而本书的近似方法,对于 $n \leq 5$,计算的结果与文献[4]的实验值和有限元法的结果吻合。

图 2-15~图 2-17 给出了 $n = 2$、3、4 时,用有限元法计算 1# 半球壳得到的振型和式(2-104)计算得到的振型,可以看出:两者很接近。有限元法计算得到的振型 u 和 v 分不出来,完全可以认为 u 和 v 相等。

表 2-18　计算结果 Ω 的比较 ($h/R = 0.01$)

n	2	3	4	5	6	7	8	9
文献[12]	0.012	0.034	0.064	0.102	0.146	0.197	0.253	0.315
文献[4]	0.0125	0.0342	0.0717	0.1050	0.1500	0.2050	0.2583	0.3230
有限元法	0.0123	0.0340	0.0645	0.1030	0.1430	0.2000	0.2580	0.3220
式(2-109)	0.0127	0.0356	0.0687	0.1118	0.1647	0.2273	0.2995	0.3814

实际应用中,多是 $n \leq 4$ 的振动,特别对于半球谐振陀螺,仅应用 $n = 2$ 的四波腹振动。因此在下面的计算中多处利用式(2-109)的情况。

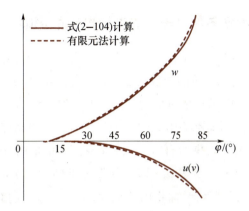

图 2 - 15　$n = 2$ 振型曲线

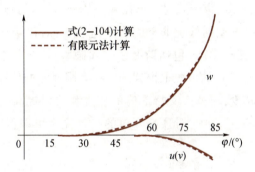

图 2 - 16　$n = 3$ 振型曲线

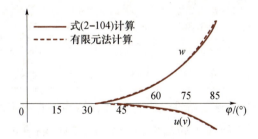

图 2 - 17　$n = 4$ 振型曲线

2.6.1 边界及边界条件对半球壳谐振频率的影响

由式(2-104)可知:在 $\varphi = 0$ 处,u 和 v 有 $(n+1)$ 重零点,而 w 有 n 重零点,即 u 和 v 及它们直到 n 阶的导数在 $\varphi = 0°$ 均为零。而 w 直到 $(n-1)$ 阶导数均为零。所以 2.4.3 节中的近似解,即式(2-108)、式(2-109)就是在这些边界条件下得到的。因此不能用式(2-109)来分析边界条件变化对振动的影响。只能用 2.3.3 节中提供的有限元法来计算,这正是用有限元法计算的最大特点。表 2-19 给出了顶端 φ_F 开口、底端为不同约束条件的谐振频率 ω。半球壳的参数取 $1^\#$ 样件的值,需指出的是:由于在半球壳的有限元分析中,每一个端点只有 7 个插值系数,所以在 u、v、w 及其导数 u'、v'、w'、w'' 均约束时就相当于这一端的位移及其各阶导数全部进行了约束。从表 2-19 看出:对顶端开口的半球壳,底端约束形式对其谐振频率影响很小。另外,上述几种约束条件下,计算得到的振型曲线也非常吻合。这表明:对顶端开口的半球壳,底端的约束形式对其振动模态(包括谐振频率和振型)影响很小。当然,这是在振型曲线设成式(2-30)的情况下得到的。在有限元法的计算中,约束条件越多,有效自由度就越少,求解广义特征值的速度就可以提高,这对计算是有利的。所以在有限元法计算中,对顶端开口的半球壳也可以将底端处所有的插值系数均予以约束。

表 2-19　$1^\#$ 半球壳为不同约束形式时的谐振频率 ω/Hz

约束情况 n	u、v、w 及导数无约束	$v=0$	$u=v=0$	$u=v=w=0$	$u=v=w$ $w'=0$	u、v、w 及导数均约束
2	203.57	203.50	203.51	203.58	203.55	204.53
3	566.39	566.47	566.50	566.45	566.55	567.10
4	1083.72	1083.84	1083.85	1083.84	1083.83	1084.20

顶端开口半球壳的这一特性是由它的特殊结构形式决定的。从物理意义上说,约束条件相当于改变了底端附近的刚度。当底端角 φ_0 较小时,其刚度很大,因而约束条件变化时对其自身的振动情况影响很小。而当 φ_0 较大时,对 $n=2$ 的振动,由于底端处固有的刚度减小,使得边界约束变化时,对其自身的振动情况影响增大,详见表 2-20。

表 2-20　$1^{\#}$ 半球壳在不同约束下的谐振频率 ω/Hz 随 φ_0 的变化（$\varphi_F = 90°$）

n	$\varphi_0/(°)$	u、v、w 及导数均不约束	$u = v = 0$	$u = v = w$ $= w' = 0$	$u = v = w = u'$ $= v' = w' = w'' = 0$
2	0	203.57	203.51	203.55	204.53
	5	203.33	203.41	203.84	215.43
	10	203.02	206.37	219.09	260.55
3	0	566.39	566.50	566.55	567.10
	5	564.32	564.38	564.46	564.75
	10	562.44	562.49	562.65	563.18
4	0	1083.72	1083.85	1083.83	1084.20
	5	1076.05	1076.18	1076.15	1076.48
	10	1070.20	1070.26	1070.28	1070.56

半球谐振陀螺中，半球壳常为图 2-18 所示的结构，$\varphi_0 \neq 0°$，$\varphi_F \neq 90°$，由图可得

$$\varphi_0 = \arcsin\left[d/(2R + h) \right]$$

在顶端挖去许多均布的小槽，为的是使半球壳达到更好的动平衡，实现测量的准确性。顶端的这种结构可以看成是 φ_F 的变化，更精确的分析见第 4 章。所以研究半球壳的边界角 φ_0、φ_F 对振动的影响是很有意义的，具有较大的应用价值。

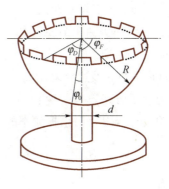

图 2-18　半球谐振子结构示意图

研究 φ_0、φ_F 变化对谐振频率和振型的影响最准确的方法是采用有限元法，但它只能给出数值解，计算过程比较复杂，也不容易得到实质性的结论。用 2.4.3 节中的近似分析，其计算简单，又是解析表达式，分析起来十分方便，故可望得到一些实质性的结论。但在 φ_0 变化时，正如上述以及在 2.4.3 节中指出的，当 φ_0 较小时，仍可以用 $\varphi_0 = 0°$ 时的有关结论作些近似分析研究；而当 φ_0 较大（比如大于 5°）时，如再用 $\varphi_0 = 0°$ 时的有关结论进行分析，将带来较大的误差，有时会得到很不正确的结论。

为便于利用 2.4.3 节中近似公式进行分析，定义如下两个与半球壳谐振频率有关的无量纲量：

$$\Omega_n = 4n^2 (n^2 - 1)^2 \frac{1}{R^2} \cdot \frac{I(n,h)}{J(n,h)} \qquad (2-126)$$

$$\overline{\Omega}_n = \frac{I(n)}{J(n)} \qquad (2-127)$$

$$I(n) = \int_{\varphi_0}^{\varphi_F} A(\varphi) \mathrm{d}\varphi$$

$$J(n) = \int_{\varphi_0}^{\varphi_F} B(\varphi) \mathrm{d}\varphi$$

式中：$A(\varphi)$、$B(\varphi)$见2.4.3节。

利用2.4.3节中的式(2-109)，在等壁厚的情况下，式(2-125)定义的Ω可写成

$$\Omega = \frac{h}{R} n(n^2 - 1) \left[\frac{(1-\mu)I(n)}{3J(n)} \right]^{1/2} \qquad (2-128)$$

可以看出：式(2-126)、式(2-127)的定义与式(2-128)不同，在等壁厚的情况下，Ω与壁厚半径比成正比，也与半球壳材料的泊松比有关，它与谐振频率ω成正比。而式(2-126)、式(2-127)的定义与泊松比无关。同时等壁厚的$\overline{\Omega}_n$仅与环向波数n及边界角φ_0、φ_F有关，并且Ω_n、$\overline{\Omega}_n$与谐振频率ω^2成正比。

为便于研究φ_0、φ_F变化对谐振频率的影响，定义φ_0、φ_F时谐振频率对$\varphi_0 = 0°$、$\varphi_F = 90°$时谐振频率的比值：

$$R(\omega) = \frac{\omega(\varphi_0, \varphi_F)}{\omega(0°, 90°)} \qquad (2-129)$$

显然有

$$R(\Omega) = R(\omega)$$

$$R(\Omega_n) = R(\overline{\Omega}_n) = R^2(\omega)$$

$R(\Omega)$、$R(\Omega_n)$、$R(\overline{\Omega}_n)$分别为φ_0、φ_F时的Ω、Ω_n、$\overline{\Omega}_n$对$\varphi_0 = 0°$、$\varphi_F = 90°$时的Ω、Ω_n、$\overline{\Omega}_n$的比值。

给定φ_0，任意φ_F时的$\omega(\varphi_0, \varphi_F)$对$\varphi_F = 90°$时$\omega(\varphi_0, 90°)$的变化量为

$$\Delta_F(\omega) = \omega(\varphi_0, \varphi_F) - \omega(\varphi_0, 90°) \qquad (2-130)$$

相应的变化率为

$$\sigma_F(\omega) = \frac{\Delta_F(\omega)}{\omega(\varphi_0, 90°)} \qquad (2-131)$$

给定φ_F，任意φ_0时的$\omega(\varphi_0, \varphi_F)\omega$对$\varphi_0 = 0°$时$\omega(0°, \varphi_F)$的变化量为

$$\Delta_0(\omega) = \omega(\varphi_0, \varphi_F) - \omega(0°, \varphi_F) \tag{2-132}$$

相应的变化率为

$$\sigma_0(\omega) = \frac{\Delta_0(\omega)}{\omega(0°, \varphi_F)} \tag{2-133}$$

类似地可以给出：$\Delta_F(\Omega)$、$\Delta_F(\Omega_n)$、$\Delta_F(\overline{\Omega}_n)$，$\Delta_0(\Omega)$、$\Delta_0(\Omega_n)$、$\Delta_0(\overline{\Omega}_n)$，$\sigma_F(\Omega)$、$\sigma_F(\Omega_n)$、$\sigma_F(\overline{\Omega}_n)$，$\sigma_0(\Omega)$、$\sigma_0(\Omega_n)$、$\sigma_0(\overline{\Omega}_n)$ 的定义。

表 2-21 给出了 $n=2$ 时用有限元法计算 $1^\#$ 半球壳不同 φ_0、φ_F 时的谐振频率 $\omega(\varphi_0, \varphi_F)$；表 2-22 给出了 φ_0、φ_F 时的谐振频率 $\omega(\varphi_0, \varphi_F)$ 对 $\varphi_0 = 0°$、$\varphi_F = 90°$ 时的谐振频率 $\omega(0°, 90°)$ 的比值；表 2-23 给出了利用表 2-21 得到的不同的 φ_0 时，φ_F 变化 $\omega(\varphi_0, \varphi_F)$ 对 $\varphi_F = 90°$ 时的谐振频率 $\omega(\varphi_0, 90°)$ 的变化率 $\sigma_F(\omega)$；表 2-24 给出了利用表 2-21 得到的不同的 φ_F 时，φ_0 变化对 $\varphi_0 = 0°$ 时的谐振频率 $\omega(0°, \varphi_F)$ 变化率 $\sigma_0(\omega)$。

表 2-21　有限元计算 $1^\#$ 半球壳的谐振频率 $\omega/\text{Hz}(n=2)$

$\varphi_0/(°)$ ＼ $\varphi_F/(°)$	72	78	84	90
0	244.6386	224.9594	211.2760	203.5515
5	248.1876	227.8430	213.2371	204.8382
10	288.5733	255.6156	233.1954	219.0906
15	451.7916	374.7967	321.0643	283.8976

表 2-22　有限元计算 $1^\#$ 半球壳的 $R(\omega)(n=2)$

$\varphi_0/(°)$ ＼ $\varphi_F/(°)$	72	78	84	90
0	1.20185	1.10517	1.03795	1
5	1.21929	1.11934	1.04758	1.00632
10	1.41769	1.25578	1.14563	1.07634
15	2.21954	1.84129	1.57731	1.39472

表 2-25 ~ 表 2-28 给出了用有限元法计算 $2^\#$ 半球壳有关的结果。表 2-29、表 2-30 给出可用近似公式（2-109）计算 $1^\#$ 半球壳得到的有关结果。

表 2-23   有限元计算 $1^{\#}$ 半球壳的 $\sigma_F(\omega)(n=2)$

$\varphi_0/(°)$ ╲ $\varphi_F/(°)$	72	78	84	90
0	0.20185	0.10517	0.03795	0
5	0.21163	0.11231	0.04100	0
10	0.31714	0.16671	0.06438	0
15	0.59139	0.32018	0.13092	0

表 2-24   有限元计算 $1^{\#}$ 半球壳的 $\sigma_0(\omega)(n=2)$

$\varphi_0/(°)$ ╲ $\varphi_F/(°)$	72	78	84	90
0	0	0	0	0
5	0.01451	0.01282	0.00931	0.00632
10	0.17959	0.13637	0.40378	0.17634
15	0.84677	0.66606	0.51969	0.39472

表 2-25   有限元计算 $2^{\#}$ 半球壳的谐振频率 $\omega/\mathrm{Hz}(n=2)$

$\varphi_0/(°)$ ╲ $\varphi_F/(°)$	72	78	84	90
0	992.6254	912.3988	857.5648	824.6602
5	1003.142	919.0646	862.3336	827.5168
10	1082.279	973.1010	899.5571	853.5849
15	1387.771	1180.051	1044.193	961.6599

表 2-26   有限元计算 $2^{\#}$ 半球壳的 $R(\omega)(n=2)$

$\varphi_0/(°)$ ╲ $\varphi_F/(°)$	72	78	84	90
0	1.20368	1.10639	1.03990	1
5	1.21643	1.11448	1.04568	1.00346
10	1.31239	1.18000	1.90822	1.03508
15	1.68284	1.43095	1.26621	1.16613

表 2 - 27　有限元计算 2$^{\#}$ 半球壳的 $\sigma_F(\omega)(n=2)$

$\varphi_0/(°)$ ＼ $\varphi_F/(°)$	72	78	84	90
0	0.20368	0.10639	0.03990	0
5	0.21223	0.11063	0.04207	0
10	0.26792	0.14002	0.05386	0
15	0.44310	0.22710	0.08582	0

表 2 - 28　有限元计算 2$^{\#}$ 半球壳的 $\sigma_0(\omega)(n=2)$

$\varphi_0/(°)$ ＼ $\varphi_F/(°)$	72	78	84	90
0	0	0	0	0
5	0.01060	0.00731	0.00556	0.00346
10	0.09032	0.06653	0.04897	0.03508
15	0.39808	0.12934	0.12176	0.16613

表 2 - 29　式(2 - 109)计算 1$^{\#}$ 半球壳的谐振频率 $\omega/\mathrm{Hz}(n=2)$

$\varphi_0/(°)$ ＼ $\varphi_F/(°)$	72	78	84	90
0	249.870	229.812	216.318	208.361
5	249.591	229.626	216.193	208.276
10	248.742	229.060	215.811	208.017
15	247.291	228.093	215.160	207.576

表 2 - 30　式(2 - 109)计算 1$^{\#}$ 半球壳的 $R(\omega)(n=2)$

$\varphi_0/(°)$ ＼ $\varphi_F/(°)$	72	78	84	90
0	1.19893	1.10295	1.03819	1
5	1.19788	1.10206	1.03758	0.99959
10	1.19380	1.09934	1.03576	0.99835
15	1.18684	1.09470	1.03263	0.99623

表 2 - 21 ~ 表 2 - 24 是 1# 半球壳的计算结果,其壁厚半径比为 1/100。表 2 - 25 ~ 表 2 - 28 是 2# 半球壳的计算结果,其壁厚半径比为 1/49.3 。从表 2 - 22、表 2 - 26、表 2 - 30 可以看出 $\varphi_0 \leqslant 5°$ 时,用式(2 - 109)计算的结果与用有限元法计算的结果相吻合。而当 $\varphi_0 > 5°$ 时,它们之间相差较大。

由上述表值可以看出:用有限元法计算,其谐振频率随 φ_0、φ_F 变化程度与壁厚半径比有关。

由表 2 - 23、表 2 - 24、表 2 - 27、表 2 - 28 可知,1# 半球壳的谐振频率随 φ_0、φ_F 的变化较 2# 半球壳的谐振频率随 φ_0、φ_F 的变化大。表 2 - 31 给出了 3# 半球壳的谐振频率随 φ_0、φ_F 的变化情况,表 2 - 32 给出了由表 2 - 31 得到的谐振频率变化率 $R(\omega)$ 。3# 半球壳相当于 1# 半球壳壁厚从 0.5mm 变为 1mm 。它的壁厚半径比为 1/50 ,与表 2 - 26 列出的壁厚半径比为 1/49.3 ≈ 1/50 的 2# 半球壳的有关结果 $R(\omega)$ 相比,二者很吻合。而这两个半球壳(2#,3#)的半径,壁厚相差很大。从上面的分析可知:谐振频率的比值 $R(\omega)$ 及变化率随 φ_0、φ_F 的变化规律只与半球壳的壁厚半径比有关。

表 2 - 31   有限元法计算 3# 半球壳的谐振频率 $\omega/\mathrm{Hz}(n = 2)$

$\varphi_0/(°)$ \ $\varphi_F/(°)$	72	78	84	90
0	482.2959	443.5297	416.9445	401.0323
5	487.7016	446.7614	419.2630	402.5621
10	526.9905	473.5930	437.5371	415.3871
15	678.1119	580.0717	513.0098	468.3546

表 2 - 32   有限元法计算 3# 半球壳的 $R(\omega)$ $(n = 2)$

$\varphi_0/(°)$ \ $\varphi_F/(°)$	72	78	84	90
0	1.20265	1.10597	1.03968	1
5	1.21612	1.11403	1.04546	1.00381
10	1.31408	1.18093	1.09103	1.03579
15	1.69092	1.44645	1.27922	1.16787

综上所述,可得:

(1)半球壳的谐振频率受其边界角 φ_0、φ_F 的影响程度随壁厚半径比的增大而增加。

（2）当 φ_0 不变，谐振频率随 φ_F 的增加而增小，相同的 φ_F 变化引起的谐振频率变化量随 φ_0 而增加。

（3）当 φ_F 不变，φ_0 较小时，谐振频率随 φ_0 变化不明显，当 φ_0 逐渐增大时，谐振频率随 φ_0 单调增加且变化较大，相同的 φ_0 变化引起谐振频率的变化量随 φ_F 的增加而减小。

表 2 – 33 给出了用式（2 – 109）计算 $\varphi_0 = 0°$，φ_F 取不同值的 $\overline{\varOmega}_n$ 值，表 2 – 34 给出由表 2 – 33 得到的谐振频率的变化率 $\sigma_0(\overline{\varOmega}_n)$。

从表 2 – 33、表 2 – 34 看出：对任意的 $n \geq 2$，谐振频率随 φ_F 的增加而减小，对确定的 n，减小的程度随 φ_F 的增加而减小，并逐渐减小到一个稳定程度。

表 2 – 33　$\varphi_0 = 0°$，φ_F 取不同值的 $\overline{\varOmega}_n$

$\varphi_F/(°)$ 　　 n	2	3	4	5	6	7	8	9
78	0.2320	0.1077	0.0630	0.0413	0.0291	0.0216	0.0167	0.0132
84	0.2055	0.0984	0.0582	0.0383	0.0271	0.0201	0.0155	0.0123
90	0.1907	0.0941	0.0562	0.0372	0.0264	0.0196	0.0151	0.0120

表 2 – 34　$\varphi_0 = 0°$，不同 φ_F 对应的谐振频率变化率 $\sigma_0(\overline{\varOmega}_n)$

$\varphi_F/(°)$ 　　 n	2	3	4	5	6	7	8	9
78	0.2166	0.1455	0.1210	0.1102	0.1023	0.1020	0.1060	0.1100
84	0.0766	0.0457	0.0356	0.0296	0.0265	0.0255	0.0265	0.0250

2.6.2　旋转对半球壳谐振频率的影响

表 2 – 35 给出了用式（2 – 108）计算 1# 半球壳（$\varphi_0 = 0°$，$\varphi_F = 90°$）的谐振频率。可以看出：$\varOmega_x = \varOmega_{yz} = 400°/s$ 时，谐振频率的变化率小于 10^{-4}。利用式（2 – 108）可知：在一般情况下，$\varOmega_x^2$、$\varOmega_{yz}^2$ 引起的谐振频率的变化率分别为式（2 – 110）、式（2 – 111）。

由式（2 – 110）、式（2 – 111）可以评估旋转角速度对半球壳谐振子谐振频率的影响规律,显然 Ω_x^2、Ω_{yz}^2 引起的谐振频率的相对变化率 σ_x、σ_{yz} 与 ω_0^2 成反比。即与半球壳的弹性模量 E,壁厚 h 的平方成反比,与密度 ρ,半径 R 的四次方成正比。由于 Ω^2/ω_0^2 是个小量,所以半球壳谐振子的谐振频率变化非常小。

表 2 – 35 $1^{\#}$ 半球壳($\varphi_0 = 0°, \varphi_F = 90°$)的谐振频率

n $(\Omega_x, \Omega_{yz})/(°/s)$	2	3	4
(0,0)	208.3609	585.5225	1131.616
(400,400)	208.3783	585.5397	1131.633

2.6.3   半球壳参数对谐振频率的影响

在壁厚 $h(s)$ 为常数时,谐振频率为

$$\omega^2 = \frac{Eh^2}{\rho(1+\mu)R^4} \cdot \frac{n^2(n^2-1)^2}{3} \cdot \frac{I(n)}{J(n)} \qquad (2-134)$$

式中: $I(n)$、$J(n)$ 只与 n 及 φ_0、φ_F 有关,因此对于确定的边界角 φ_0、φ_F,其谐振频率与 $\left[\dfrac{E}{\rho(1+\mu)}\right]^{1/2}\dfrac{h}{R^2}$ 成正比。

下面考虑变壁厚半球壳。记 $T_0 = h(\varphi_0)$, $T_F = h(\varphi_F)$。表 2 – 36 给出了($\varphi_0 = 0°, \varphi_F = 90°$)的 $1^{\#}$ 半球壳,壁厚 $h(\varphi)$ 均匀变化时,(T_0, T_F) 取不同值的情况下,用有限元法和式(2 – 108)计算 $n = 2$ 的结果。

从表 2 – 36 看出:两种算法得到的结果比较吻合,且吻合的程度随 T_0/T_F 比值的增大而提高。当半球壳一端的壁厚不变、另一端壁厚增加时,其谐振频率也增加,而且 φ_F 处的壁厚变化比 φ_0 处的壁厚变化对 $n = 2$ 的谐振频率的影响程度要大。

表 2 – 36 $1^{\#}$ 半球壳(T_0, T_F)取不同值的谐振频率 $\omega/\mathrm{Hz}(n = 2)$

(T_0, T_F)/mm 计算方法	(2,0.5)	(1,0.5)	(0.5,0.5)	(0.5,1)	(0.5,2)
有限元法	418.39	261.65	203.55	357.85	660.77
式(2 – 108)	420.47	265.37	208.36	375.70	719.30

◁ 2.6.4　半球壳参数变化的本质

采用数值计算不可能穷尽参数变化的各种情况,只能分析一些典型的变化。现用 2.4.3 节中的有关结论进行分析。

考察与谐振频率有关的量:

$$\Omega_n = 4n^2\,(n^2-1)^2\,\frac{1}{R^2}\,\frac{\displaystyle\int_{\varphi_0}^{\varphi_F} A(\varphi)h^3(\varphi)\,\mathrm{d}\varphi}{\displaystyle\int_{\varphi_0}^{\varphi_F} B(\varphi)h(\varphi)\,\mathrm{d}\varphi} \tag{2-135}$$

$$\overline{\Omega}_n = \frac{\displaystyle\int_{\varphi_0}^{\varphi_F} A(\varphi)\,\mathrm{d}\varphi}{\displaystyle\int_{\varphi_0}^{\varphi_F} B(\varphi)\,\mathrm{d}\varphi} \tag{2-136}$$

式中的 $A(\varphi)$、$B(\varphi)$ 重写于下:

$$A(\varphi) = \tan^{2n}\frac{\varphi}{2}\Big/\sin^3\varphi \tag{2-137}$$

$$B(\varphi) = (n^2+1+\sin^2\varphi+2n\cos\varphi)\sin\varphi\,\tan^{2n}\frac{\varphi}{2} \tag{2-138}$$

$$A^\varphi(\varphi) = \frac{\tan^{2n}\dfrac{\varphi}{2}}{\sin^4\varphi}(2n-3\cos\varphi) \tag{2-139}$$

$$B^\varphi(\varphi) = \big[2n(n^2+1)+2n\sin^2\varphi+(5n^2+1)\cos\varphi+$$

$$2n\cos2\varphi+3\sin^2\varphi\cos\varphi\big]\tan^{2n}\frac{\varphi}{2} \tag{2-140}$$

$$\frac{\mathrm{d}}{\mathrm{d}\varphi}\big[B(\varphi)-A(\varphi)\big] = C(\varphi)\tan^{2n}\frac{\varphi}{2} \tag{2-141}$$

$$C(\varphi) = 2n(n^2+1)+2n\sin^2\varphi+(5n^2+1)\cos\varphi+2n\cos2\varphi+$$

$$3\sin^2\varphi\cos\varphi-\frac{2n-3\cos\varphi}{\sin^4\varphi} \tag{2-142}$$

由上面诸式可知:当 $n \geqslant 2$, $\varphi \in (0°,90°)$ 时, $A^\varphi(\varphi) > 0, B^\varphi(\varphi) > 0$,因此 $A(\varphi)$、$B(\varphi)$ 均非负,且单调增加, $C(\varphi)$ 的零点只有一个,记为 φ_n 。表 2-37 给出了不同的 n 对应的 φ_n、$A(\varphi_n)$、$B(\varphi_n)$ 及 $A(90°)$、$B(90°)$ 的值。可以看出: φ_n

下的 $A(\varphi)$、$B(\varphi)$ 值相对于 $90°$ 时的值很小。

表 2-37 　　φ_n、$A(\varphi_n)$、$B(\varphi_n)$、$A(90°)$、$B(90°)$ 诸值表

n	2	3	4	5	6	7	8	9
$\varphi_n/(°)$	24.51	24.71	23.20	21.70	20.38	19.25	18.28	17.43
$A(\varphi_n)$	3.12×10^{-2}	1.51×10^{-3}	5.16×10^{-5}	1.32×10^{-6}	2.70×10^{-8}	6.54×10^{-10}	6.52×10^{-12}	8.13×10^{-14}
$B(\varphi_n)$	8.14×10^{-3}	7.22×10^{-4}	3.04×10^{-5}	8.75×10^{-7}	1.92×10^{-8}	3.40×10^{-10}	5.06×10^{-12}	6.50×10^{-14}
$A(90°)$	1	1	1	1	1	1	1	1
$B(90°)$	6	11	18	27	38	51	66	83

对式$(2-136)$，可以改写成

$$\overline{\Omega}_n = \frac{\sum\limits_{i=0}^{N} A_i}{\sum\limits_{i=0}^{N} B_i} \qquad (2-143)$$

式中

$$A_i = \int_{\varphi_i}^{\varphi_{i+1}} A(\varphi)\,\mathrm{d}\varphi, B_i = \int_{\varphi_i}^{\varphi_{i+1}} B(\varphi)\,\mathrm{d}\varphi, \varphi_{N+1} = \varphi_F$$

图 2-19 给出了 $n=2$ 时的 $A(\varphi)$、$B(\varphi)$ 曲线。从数学意义上说，$\overline{\Omega}_n$ 即是在 $[\varphi_0,\varphi_F]$，$A(\varphi)$ 曲线下面积与 $B(\varphi)$ 曲线下的面积的比值；从物理意义上说，A_j、B_j 分别代表着球壳在 $[\varphi_i,\varphi_{i+1}]$ 弧段范围上具有的"弹性势能"和"振动动能"。在 $[\varphi_0,\varphi_F]$ 弧段相当于完整的半球壳 $[0°,90°]$ 上约束了

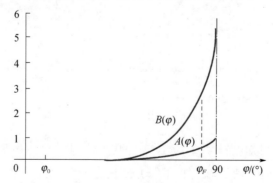

图 2-19 　$A(\varphi)$、$B(\varphi)$ 曲线 $(n=2)$

$[0°,\varphi_0]$ 和 $[\varphi_F,90°]$ 弧段范围对应着的"弹性势能"和"振动动能"。图 2-19 中 $A(\varphi)$、$B(\varphi)$ 曲线分别代表了壳体上"弹性势能"和"振动动能"的变化规律。

经过这样的分析,可以看出:用式(2-108)或式(2-109)进行计算时,半球壳的谐振频率在 $\varphi_0 \le 25°$ 时几乎不随 φ_0 变化,当 φ_F 变化时,由于 $A(\varphi)$、$B(\varphi)$ 变化很大,所以 φ_F 对谐振频率的影响很大。

考察式(2-135),从数学上说,$h^3(\varphi)$、$h(\varphi)$ 相当于对 $A(\varphi)$、$B(\varphi)$ 积分的权函数;而在物理上相当于是所对应的球壳上"弹性势能"、"振动动能"的增益函数。由于 $A(\varphi)$、$B(\varphi)$ 单调增加,因此在 φ 值大的范围,$h(\varphi)$ 对谐振频率的影响大,在 φ 值较小的范围,$h(\varphi)$ 对谐振频率的影响小。

由于 $A(\varphi)$、$B(\varphi)$ 中含有 $\tan^{2n}\dfrac{\varphi}{2}$ 因子,结合表 2-37 可以断言:对 $n \ge 3$ 时,$\overline{\Omega}_n$ 与 $n = 2$ 时的有关规律相一致,也即谐振频率随着 φ_0、φ_F、$h(\varphi)$ 的变化规律大体是一致的。

✍ 2.6.5 半球壳振动特性小结

本节对顶端开口,底端约束的半球壳用多种方法进行了详细分析,得到了一些有益结论,现将主要的归纳如下:

(1) 当 φ_0 较小时,半球壳底端 φ_0 处约束形式对半球壳的振型和谐振频率影响很小,当 φ_0 增大时,约束形式对振动影响增大。

(2) 半球壳旋转时对其谐振频率的影响很小,Ω_x^2、Ω_{yz}^2 引起的谐振频率的变化率与谐振频率的平方成反比。

(3) 对于等壁厚的半球壳,其谐振频率与 $\left(\dfrac{E}{\rho}\right)^{1/2}\dfrac{h}{R^2}$ 成正比。

(4) 对于底端固支的半球壳:

① φ_0 对谐振频率的影响规律是:当 φ_0 较小时,谐振频率基本上不变化;当 $\varphi_0 > 5°$ 时,谐振频率受 φ_0 的影响增大,且谐振频率随 φ_0 的增加而单调增加。

② φ_F 对谐振频率的影响规律是:φ_F 对谐振频率的影响较大,且随着 φ_F 的增加,谐振频率单调减小。

(5) 对于变壁厚的半球壳,$h(\varphi)$ 对其谐振频率的影响随 φ 的增大而增加。

▶2.7 圆柱壳与半球壳固有振动特性的实验研究

对于轴对称的固有振动特性进行实验研究的目的是掌握轴对称壳振动的基本特点,确定壳体的振动模态,即振动频率和相应的振型。对振型的确定主要是对振型的环向波数的确定和振型在母线方向,环线方向的分布情况(即位移场)的确定。实验样件为底端约束、顶端开口的圆柱壳和半球壳,以径向弯曲振动为主。

对轴对称壳振动模态的确定,通常利用"电"和"声"的方式。如利用加速度计或微型传声器(麦克风)对顶端开口的轴对称进行实验研究,也可以采用闭环自激的方式确定环向波数 n 。但这些方法不便于获得壳体振动的全貌,很难得到壳体振型在母线方向和环线方向的精确分布情况。

图 2 - 20 给出了两个圆柱壳谐振子和一个半球壳谐振子三个实验样件,分别对应着 2.5 节的 $1^{\#}$ 圆柱壳、$2^{\#}$ 圆柱壳(参数见表 2 - 2)和 2.6 节的 $2^{\#}$ 半球壳(参数见表 2 - 15)。

$1^{\#}$圆柱壳实物

$2^{\#}$圆柱壳实物

$2^{\#}$半球壳实物

图 2 - 20　实验样件

针对上述三个实验样件,采用 He - Ne 激光器得到的全息干涉图研究它们的固有振动特性。光路见附录 B 中的附图 B - 3。

图 2 - 21 ~ 图 2 - 23 给出了 $1^{\#}$ 圆柱壳 $n = 2$、3、4 的全息干涉图。

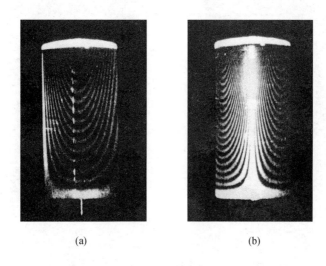

(a)　　　　　　　　　　(b)

图 2 - 21　$1^{\#}$ 圆柱壳 $n = 2$ 全息干涉图

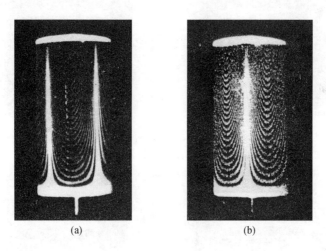

(a)　　　　　　　　　　(b)

图 2 - 22　$1^{\#}$ 圆柱壳 $n = 3$ 全息干涉图

图 2 - 24 ~ 图 2 - 26 给出了 $2^{\#}$ 半球壳 $n = 2$、3、4 的全息干涉图。其中图(a)是对着振型的波腹拍摄的,图(b)是对着振型的波节拍摄的。图(b)相应于图(a)分别转了 $45°(n = 2)$、$30°(n = 3)$、$22.5°(n = 4)$。全息干涉度量的基本原理见附录 B。

(a)   (b)

图 2 – 23   1# 圆柱壳 $n = 4$ 全息干涉图

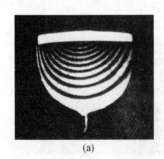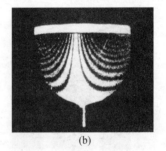

(a)   (b)

图 2 – 24   2# 半球壳 $n = 2$ 全息干涉图

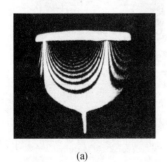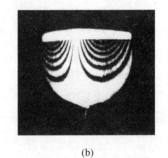

(a)   (b)

图 2 – 25   2# 半球壳 $n = 3$ 全息干涉图

(a)　　　　　　　　　　　　　　　　(b)

图 2 - 26　2# 半球壳 $n = 4$ 全息干涉图

利用上述各图便可以准确而方便地确定出环向波数 n 。

表 2 - 38 给出了上述三个样件的谐振频率。对 1#、2# 圆柱壳,实验结果与前面的有关结论相当吻合。对于半球壳,实际样件与理想的相比,有较大的加工误差,特别是壳体母线方向的曲率半径变化较大。实验结果近乎与第 4 章的有关理论分析结论吻合。

表 2 - 38　圆柱壳、半球壳实验样件谐振频率 ω/Hz

n	1# 圆柱壳	2# 圆柱壳	2# 半球壳
2	1271	1820	2095
3	3260	2737	4688
4	6161	4921	7831

图 2 - 27 给出了由图 2 - 21 得到的 1# 圆柱壳实际的振型曲线。图 2 - 28 给出了由图 2 - 24 得到的 2# 半球壳实际的振型曲线。它们与在本章前面的假设和计算得到的振型曲线吻合。

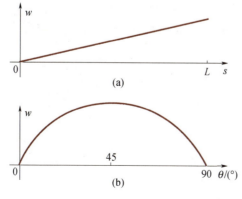

图 2 - 27　$n = 2$ 圆柱壳振型曲线

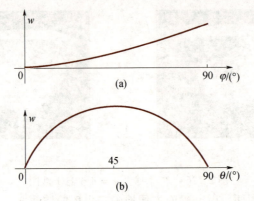

图 2 - 28 $n = 2$ 半球壳振型曲线

第 3 章
轴对称壳环向振型的进动特性

▶ 3.1　简述

　　轴对称壳旋转时环向振型进动的研究最早可追溯到 1890 年,当时英国科学家 G. H. Bryan 发现轴对称壳绕中心轴旋转时,环向振型不再相对于壳体静止,而要发生进动。他论述了振型的进动角 ψ 与壳体所转过的角 ψ_1 有一恒定的关系(图 3 − 1),可以写成

$$\psi = K\psi_1 \quad 1 > K > 0 \tag{3 − 1}$$

式中:K 称为进动因子。

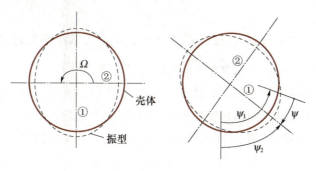

图 3 − 1　振型相对壳体进动示意图

G. H. Bryan 推导了环的 K 表达式。直到 1978 年,这一理论一直未能应用于实际中。1978 年以后,美国 Delco System Operation 才把这一理论应用在测量物体转速或转角的传感器中,研制成了新型的半球谐振陀螺样机。由于这种陀螺所具有的许多独特优点,其很快成为一种广受关注的新型陀螺仪。

本章将针对一般的轴对称壳,当其谐振并沿任意方向旋转时,其环向振型的进动特性,特别将给出进动因子 K 的一般表达式。以圆柱壳和半球壳为例,给出 K 值随壳体结构及其参数的变化规律和有关结论。

▶3.2 任意轴对称壳

图 2 - 1 给出了任意轴对称壳的数学模型。当轴对称壳不旋转时,环向波数为 n 的对称振型为式(2 - 29),重写如下:

$$\begin{cases} u = u(x)\cos n\theta\cos\omega t \\ v = v(x)\sin n\theta\cos\omega t \\ w = w(x)\cos n\theta\cos\omega t \end{cases} \tag{3-2}$$

当壳体以 $\boldsymbol{\Omega} = \boldsymbol{\Omega}_x + \boldsymbol{\Omega}_{yz}$ 绕惯性空间旋转时(图 2 - 2),在壳体旋转的空间研究其振动时,振型可设为式(2 - 30),重写如下:

$$\begin{cases} u = u(x)\cos[n(\theta + \psi)]\cos\omega t \\ v = v(x)\sin[n(\theta + \psi)]\cos\omega t \\ w = w(x)\cos[n(\theta + \psi)]\cos\omega t \end{cases} \tag{3-3}$$

$$\psi = \int_{t_0}^{t} P\mathrm{d}t$$

式(3 - 3)的物理意义是:当壳体绕中心轴以 Ω_x 旋转并转过 $\psi_1 = \int_{t_0}^{t} \Omega_x \mathrm{d}t$ 时,从壳体上看,环向波数为 n 的振型曲线以速率 P 沿 Ω_x 的反向旋转,且转过 ψ 角。而在惯性空间来看,振型曲线在环向以 $(\Omega_x - P)$ 向前移动,仅转过 $\psi_2 = \psi_1 - \psi$ 角。从振型的角度来考察式(3 - 3),其物理本质是:这时系统有两个主振型互相"耦合"着,一个振型是壳体以 ω 为角频率的振动主振型,反映在 $\cos\omega t$ 上;另一个主振型是壳体的振型以 P 的转速在以 Ω_x 旋转的惯性空间中作旋转运动,它也是系统的一个主振型,反映在 $\cos[n(\theta + \psi)]$ 等上。这两个

主振型在 $\Omega_x \neq 0$ 的情况下同时存在,是由某种"不平衡"建立起了某种"平衡"后形成的。

在 2.2 节中已推出壳体旋转时的动力学方程(2-50)。改写如下:

$$\delta T_0 + \delta T(\Omega_x, P) + \delta T(\Omega_{yz}, P) + \delta W = 0 \qquad (3-4)$$
$$\delta W = \delta W_0 - \delta W(\Omega) + \delta T_0(\Omega_x) + \delta T_0(\Omega_{yz}) \qquad (3-5)$$

式中:δW_0 为壳体不旋转时弹性力的虚功;$\delta W(\Omega)$ 为由于 Ω(包括 Ω_x、Ω_{yz})引起的初始弹性力作的虚功;$\delta T_0(\Omega_x)$、$\delta T_0(\Omega_{yz})$ 分别为 Ω_x、Ω_{yz} 引起的外力的虚功中与 P 无关的项;

$$\delta T(\Omega_x, P) = \Big\{ \pi n^2 P^2 \rho \int_0^L [u(x)\delta u + v(x)\delta v + w(x)\delta w] r(x)h(x)\mathrm{d}x +$$
$$2\pi n P \rho \Omega_x \int_0^L [\cos\varphi(x)v(x)\delta u + \cos\varphi(x)u(x)\delta v +$$
$$\sin\varphi(x)v(x)\delta w + \sin\varphi(x)w(x)\delta v] r(x)h(x)\mathrm{d}x \Big\} \cos^2\omega t$$
$$\qquad (3-6)$$
$$\delta T(\Omega_{yz}, P) = 0 \qquad (3-7)$$
$$\delta T_0 = \pi\omega^2\rho \int_0^L [u(x)\delta u + v(x)\delta v + w(x)\delta w] r(x)h(x)\mathrm{d}x \cos^2\omega t$$
$$\qquad (3-8)$$

考察式(3-4)~式(3-8),对于某一振动模态 $[\omega,\ (u,v,w)]$ 来说,δW 是这一模态弹性力的虚功,相应于振动弹性势能。而 δT_0 是这模态的惯性力作的虚功,相应于振动动能。壳体的振型以 $(\Omega_x - P)$(或 Ω)旋转代表着一种刚体运动,也是一种主振动。这时,如果统一建立动力学方程的话,这种主振型对应着动力学系统的谐振频率为零,相应的振型对应着壳体转过的角度。根据主振动能量保持不变的特性,可将式(3-4)写成两个互相独立的部分,即

$$\delta T_0 + \delta W = 0 \qquad (3-9)$$
$$\delta T(\Omega_x, P) + \delta T(\Omega_{yz}, P) = 0 \qquad (3-10)$$

其中式(3-9)可以确定谐振频率 ω(详见第 2 章),式(3-10)便可以确定 P,利用式(3-6)、式(3-7)、式(3-10)可得

$$2G_1 + nKG_2 = 0 \qquad (3-11)$$

式中:$K = P/\Omega_x$,称为环向振型的进动因子;

$$G_1 = \int_0^L \{\cos\varphi(x)[v(x)\delta u + u(x)\delta v] + \sin\varphi(x)[v(x)\delta w + w(x)]\delta v\} r(x)h(x)\mathrm{d}x$$

$$G_2 = \int_0^L [u(x)\delta u + v(x)\delta v + w(x)\delta w] r(x)h(x)\mathrm{d}x$$

G_1、G_2 分别反映了壳体上产生的哥氏效应和惯性的大小。

由于 G_1、G_2 只与振型 u、v、w 及其约束关系和壳体的几何特性有关,从而利用它们之间的关系便可以唯一地确定环向振型的进动因子 K。

当壳体低速旋转时,角加速度 Ω_x'、Ω_{yz}' 不影响壳体的振动(见第 2 章),因而它们不影响环向振型的进动特性。

Ω_x、Ω_{yz} 以及其他惯性过载对振型的影响很小(见第 2 章)。可以认为:进动因子 K 几乎不受 Ω_x、Ω_{yz} 及惯性过载的影响。

由式(3-11)可知:环向振型的进动速率 P 与绕壳体中心轴的转速 Ω_x 有关。因此只要测出环向振型的进动速率 P(或振型以速率 P 进动的角度 $\psi = \int_{t_0}^t P\mathrm{d}t$),便可以推算出壳体绕中心轴的转速 Ω_x(或壳体以 Ω_x 转动的角度 $\psi_1 = \int_{t_0}^t \Omega_x \mathrm{d}t$)。

从某种意义上说,壳体的几何特性决定着壳体的振型。因此环向振型的进动特性是由壳体自身的结构特征决定的。而对于壳体的物理参数 E、ρ、μ,只有泊松比 μ 对 K 值有极小的影响。

3.3 圆柱壳环向振型进动的计算

3.3.1 圆柱壳的近似计算

对于圆柱壳,利用 L.R.C 可以得到振型满足的关系式为式(2-91),重写如下:

$$\begin{cases} \dfrac{\mathrm{d}u(s)}{\mathrm{d}s} = 0 \\ nv(s) + w(s) = 0 \\ -nu(s) + r\dfrac{\mathrm{d}v(s)}{\mathrm{d}s} = 0 \end{cases} \qquad (3-12)$$

实际中的圆柱壳,不论是图 2-10(a)还是图 2-10(b)的结构形式,或是理想中的固支边界条件,式(3-12)中的第二、第三式都能很好的满足。而第一式仅对极个别的边界条件才能满足。因此暂不利用式(3-12)的第一式,仅用第二、三式来简化式(3-11)。如果实际的边界结构与式(3-12)中的第一式相符,自然可以将其引入。利用式(3-12)中的第二、三式简化式(3-11)时,有

$$G_1 = -2n\int_0^L v\delta v r h(s)\,ds$$

$$G_2 = \int_0^L \left\{(n^2+1)h(s)v - \frac{r}{n}[h^s(s)u(s)+h(s)u^s(s)]\right\}rds\delta v$$

$$= \left[\int_0^L (n^2+1)h(s)v(s)rds - \frac{r^2}{n}[h(s)u(s)]\big|_0^L\right]\delta v$$

将 G_1、G_2 代入式(3-11),得

$$K = \frac{4n\int_0^L v(s)h(s)\,ds}{\int_0^L n(n^2+1)h(s)v(s)\,ds - r[h(L)u(L)-h(0)u(0)]} \qquad (3-13)$$

$h(s)$ 为常数时:

$$K = \frac{4n\int_0^L v(s)\,ds}{\int_0^L n(n^2+1)v(s)\,ds - r[u(L)-u(0)]} \qquad (3-14)$$

$h(s)$ 为常数,且 $u^s(s)=0$ 时:

$$K = \frac{4}{n^2+1} \qquad (3-15)$$

根据第 2 章的分析知:$u(s)$、$u^s(s)$ 相对 $v(s)$ 较小,$h^s(s)$ 也不会太大,所以在一般情况下,式(3-13)、式(3-14)计算的进动因子 K 值与式(3-15)计算的值很接近。特别在 $h(s)$ 为常数,又满足 $u^s(s)=0$ 时,进动因子仅与环向波数 n 有关。

3.3.2　圆柱壳参数对 K 值的影响

对于图 2-10(a)所示的圆柱壳,记它的进动因子为 K_a,由于它满足 $u^s(s)=0$,由式(2-93)和式(3-13)得

$$K_a = \frac{\int_0^L 4n^2h(s)s\,ds}{\int n^2(n+1^2)h(s)s\,ds - r^2[h(L)-h(0)]} \qquad (3-16)$$

当 $h(L) = h(0)$,式(3 − 16)退化为式(3 − 15),进动因子只与环向波数 n 有关,与结构参数无关。当 $h(L) \neq h(0)$ 时, K_a 与 $h(s)$ 有关。下面考虑 $h(s)$ 均匀变化的情况,记

$$h(s) = h(0) + s[h(L) - h(0)]/L \quad L \geqslant s \geqslant 0 \qquad (3 - 17)$$

经过推导,由式(3 − 16)可得

$$K_a = \frac{\dfrac{4n^2L^2}{3r^2}\left[\dfrac{h(L)}{h(0)} + 0.5\right]}{\dfrac{n^2(n^2 + 1)L^2}{3r^2}\left[\dfrac{h(L)}{h(0)} + 0.5\right] - \left[\dfrac{h(L)}{h(0)} - 1\right]} \qquad (3 - 18)$$

由式(3 − 18)知:当 L/r 增加, $h(L) > h(0)$ 时, K_a 单调增加; $h(L) = h(0)$ 时, $K_a = 4/(n^2 + 1)$; $h(L) < h(0)$ 时, K_a 单调减小。图3 − 2 给出了 $n = 2$, $h(L)/h(0)$ 取不同值时, K_a 随 L^2/r^2 的变化曲线。当 $h(L)/h(0)$ 增加时, K_a 单调增加。图3 − 3 给出了 $n = 2$, L/r 取不同值时, K_a 随 $h(L)/h(0)$ 的变化曲线。

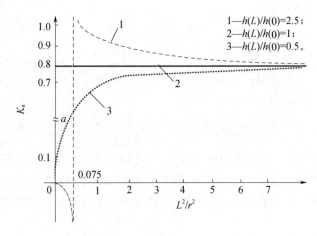

图3 − 2　$h(L)/h(0)$ 取不同值的 K_a 曲线 ($n = 2$)

对于图2 − 10(b)所示的圆柱壳,记其进动因子为 K_b ,利用式(2 − 112)和式(3 − 13),可得

$$K_b = \frac{4n^2\displaystyle\int_0^L h(s)s\,\mathrm{d}s}{\displaystyle\int_0^L n^2(n + 1)^2 h(s)s\,\mathrm{d}s - r^2 h(L)} \qquad (3 - 19)$$

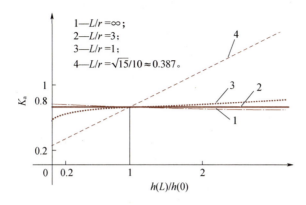

图 3 - 3　L/r 取不同值的 K_a 曲线（$n = 2$）

当 $h(s)$ 以式（3 - 17）均匀变化时，经过推导，由式（3 - 19）可得

$$K_b = \cfrac{\cfrac{4n^2 L^2}{3r^2}\left[\cfrac{h(L)}{h(0)} + 0.5\right]}{\cfrac{n^2(n^2 + 1)L^2}{3r^2}\left[\cfrac{h(L)}{h(0)} + 0.5\right] - \cfrac{h(L)}{h(0)}} \qquad (3 - 20)$$

由式（3 - 18）、式（3 - 20）可知 $K_b > K_a$，即固支边界条件对应的进动因子要大于固支且母线方向可滑动边界条件对应的进动因子。

由式（3 - 20）可知：当 L/r 增加时，K_b 单调减少。图 3 - 4 给出了 $n = 2$，$h(L)/h(0)$ 取不同值时，K_b 随 L^2/r^2 的变化曲线。当 $h(L)/h(0)$ 增加时，K_b 单调增加。图 3 - 5 给出了 $n = 2$，L/r 取不同值时，K_b 随 $h(L)/h(0)$ 的变化曲线。

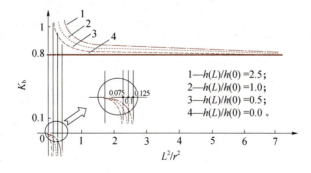

图 3 - 4　$h(L)/h(0)$ 取不同值的 K_b 曲线（$n = 2$）

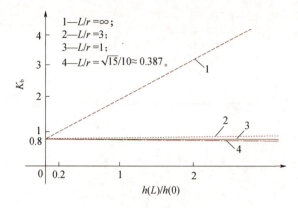

图 3-5 L/r 取不同值的 K_b 曲线（$n = 2$）

3.3.3   圆柱壳旋转对 K 值的影响

记 $T_0 = h(0)$，$T_F = h(L)$，表 3-1 给出了固支且母线可滑动的 $1^{\#}$ 圆柱壳，壁厚 $h(s)$ 均匀变化时，(T_0, T_F) 取不同值的进动因子 K_a 在 $\Omega \to 0$ 的值。表 3-2 给出了上述条件下，$\Omega_x = \Omega_{yz} = 400°/s$ 时的 K_a 值。表 3-3 给出了 $\Omega_x = \Omega_{yz} = 400°/s$ 的 K_a 值对 $\Omega \to 0$ 的 K_a 值的变化率 σ_a。

表 3-1 $\Omega \to 0$ 时，(T_0, T_F) 取不同值的 K_a

(T_0, T_F)/mm n	(2,1)	(0.5,1)	(1,1)	(1,0.5)	(1,2)
2	0.7977505	0.8039648	0.8001156	0.7974468	0.8037929
3	0.4002418	0.4002914	0.4000583	0.3999380	0.3999833
4	0.2355266	0.2352132	0.2353142	0.2354292	0.2351856

表 3-2 $\Omega_x = \Omega_{yz} = 400°/s$ 时，(T_0, T_F) 取不同值的 K_a

(T_0, T_F)/mm n	(2,1)	(0.5,1)	(1,1)	(1,0.5)	(1,2)
2	0.7977506	0.8039648	0.8001157	0.7974468	0.8037928
3	0.4002417	0.4002914	0.4000582	0.3999379	0.3999835
4	0.2355265	0.2352133	0.2353142	0.2354292	0.2351857

表 3 – 3　$\Omega_x = \Omega_{yz} = 400°/\text{s}$ 的 K_a 对 $\Omega \to 0$ 的 K_a 值的变化率 σ_a

n $(T_0, T_F)/\text{mm}$	(2,1)	(0.5,1)	(1,1)	(1,0.5)	(1,2)
2	1.25×10^{-7}	0	1.25×10^{-7}	0	-1.25×10^{-7}
3	-2.50×10^{-7}	0	-2.50×10^{-7}	-2.50×10^{-7}	5×10^{-7}
4	-4.25×10^{-7}	4.25×10^{-7}	0	0	4.25×10^{-7}

表 3 – 4 给出了固支的 1# 圆柱壳,壁厚 $h(s)$ 均匀变化,(T_0, T_F) 取不同值时的进动因子 K_b 在 $\Omega \to 0$ 的值。表 3 – 5 则给出了上述条件下 $\Omega_x = \Omega_{yz} = 400°/\text{s}$ 时的 K_b 值。表 3 – 6 给出 K_b 在 $\Omega_x = \Omega_{yz} = 400°/\text{s}$ 时的值对 $\Omega \to 0$ 时的值变化率 σ_b。

表 3 – 4　$\Omega \to 0$ 时,(T_0, T_F) 取不同值的 K_b

n $(T_0, T_F)/\text{mm}$	(2,1)	(0.5,1)	(1,1)	(1,0.5)	(1,2)
2	0.8039799	0.8049111	0.8045695	0.8038860	0.8047111
3	0.4006764	0.4004555	0.4005405	0.4005499	0.4001413
4	0.2355413	0.2352433	0.2353906	0.2354711	0.2351914

表 3 – 5　$\Omega_x = \Omega_{yz} = 400°/\text{s}$ 时,(T_0, T_F) 取不同值的 K_b

n $(T_0, T_F)/\text{mm}$	(2,1)	(0.5,1)	(1,1)	(1,0.5)	(1,2)
2	0.8039800	0.8049111	0.8045694	0.8038861	0.8047112
3	0.4006765	0.4004555	0.4005406	0.4005499	0.4001413
4	0.2355414	0.2352433	0.2353906	0.2354711	0.2351914

表 3 – 6　$\Omega_x = \Omega_{yz} = 400°/\text{s}$ 时,K_b 对 $\Omega \to 0$ 的 K_b 值的变化率 σ_b

n $(T_0, T_F)/\text{mm}$	(2,1)	(0.5,1)	(1,1)	(1,0.5)	(1,2)
2	1.24×10^{-7}	0	1.24×10^{-7}	1.24×10^{-7}	1.24×10^{-7}
3	2.5×10^{-7}	0	2.5×10^{-7}	0	0
4	4.25×10^{-7}	0	0	0	0

由表 3 – 1 ~ 表 3 – 6 可知:对于顶端开口,底端为固支或固支且母线可滑动的圆柱壳,在 $|\Omega| \leqslant 400°/\text{s}$ 的情况下,旋转对进动因子的影响十分小。也即:环向振型的进动特性受外界过载的影响很小。

▶ 3.4　半球壳环向振型进动的计算

✎ 3.4.1　半球壳的近似计算

对于半球壳，利用 L. R. C 可以得到振型满足的近似关系式为(2-101)，重写如下：

$$\begin{cases} u^{\varphi}(\varphi) + w(\varphi) = 0 \\ nv(\varphi) + u(\varphi)\cos\varphi + w(\varphi)\sin\varphi = 0 \\ -nu(\varphi) + v^{\varphi}\sin\varphi - v(\varphi)\cos\varphi = 0 \end{cases} \tag{3-21}$$

根据第 2 章对半球壳的分析，可得

$$\begin{cases} u = v \\ w = -u^{\varphi} \end{cases} \tag{3-22}$$

在 $\varphi_0 \leqslant 5°$ 时，振型可写为式(2-104)，即

$$\begin{cases} u(\varphi) = v(\varphi) = C_1\sin\varphi\tan^n\dfrac{\varphi}{2} \\ w(\varphi) = -C_1(n+\cos\varphi)\tan^n\dfrac{\varphi}{2} \end{cases} \tag{3-23}$$

将式(3-22)代入式(3-11)，可得

$$G_1 = \int_{\varphi_0}^{\varphi_F} [4\sin\varphi\cos\varphi v(\varphi)h(\varphi) + \sin^2\varphi v(\varphi)h^{\varphi}(\varphi)]R^2\mathrm{d}\varphi\delta v$$

$$= \left\{\int_{\varphi_0}^{\varphi_F}[2\sin\varphi\cos\varphi v(\varphi) + \sin^2\varphi w(\varphi)]h(\varphi)\mathrm{d}\varphi + \sin^2\varphi v(\varphi)h(\varphi)\,|_{\varphi_0}^{\varphi_F}\right\}R^2\delta v$$

$$G_2 = \int_{\varphi_0}^{\varphi_F}\left\{[2\sin\varphi v(\varphi) + \sin\varphi w^{\varphi}(\varphi) + \cos\varphi w(\varphi)]h(\varphi) + \sin\varphi w(\varphi)h^{\varphi}(\varphi)\right\}R^2\mathrm{d}\varphi\delta v$$

$$= \left[\int_{\varphi_0}^{\varphi_F}2\sin\varphi v(\varphi)h(\varphi)\mathrm{d}\varphi + \sin\varphi w(\varphi)h(\varphi)\,|_{\varphi_0}^{\varphi_F}\right]R^2\delta v$$

$$K = \frac{-2\left\{\int_{\varphi_0}^{\varphi_F}[2\sin\varphi\cos\varphi v(\varphi) + \sin^2\varphi w(\varphi)]h(\varphi)\mathrm{d}\varphi + \sin^2\varphi_F v(\varphi_F)h(\varphi_F)\right\}}{n\left[\int_{\varphi_0}^{\varphi_F}2\sin\varphi v(\varphi)h(\varphi)\mathrm{d}\varphi + \sin\varphi_F w(\varphi_F)h(\varphi_F)\right]}$$

$$\tag{3-24}$$

当 $h(\varphi)$ 为常数时：

$$K = \frac{-2\left\{\int_{\varphi_0}^{\varphi_F}\left[2\sin\varphi\cos\varphi v(\varphi) + \sin^2\varphi w(\varphi)\right]\mathrm{d}\varphi + \sin^2\varphi_F v(\varphi_F)\right\}}{n\left[\int_{\varphi_0}^{\varphi_F}2\sin\varphi v(\varphi)\mathrm{d}\varphi + \sin\varphi_F w(\varphi_F)\right]}$$

$$(3-25)$$

将 $v(\varphi)$、$w(\varphi)$ 振型等的近似表达式（3 – 23）分别代入式（3 – 24）、式（3 – 25），得

$$K = \frac{2\left\{\int_{\varphi_0}^{\varphi_F}(n - \cos\varphi)\,\sin^2\varphi\tan^n\dfrac{\varphi}{2}h(\varphi)\mathrm{d}\varphi - \sin^3\varphi_F\tan^n\dfrac{\varphi_F}{2}h(\varphi_F)\right\}}{n\left[\int_{\varphi_0}^{\varphi_F}2\sin^2\varphi\tan^n\dfrac{\varphi}{2}h(\varphi)\mathrm{d}\varphi - \sin\varphi_F(n + \cos\varphi_F)\tan^n\dfrac{\varphi_F}{2}h(\varphi_F)\right]}$$

$$(3-26)$$

$$K = \frac{2\left\{\int_{\varphi_0}^{\varphi_F}\left[n - \cos\varphi\right]\sin^2\varphi\tan^n\dfrac{\varphi}{2}\mathrm{d}\varphi - \sin^3\varphi_F\tan^n\dfrac{\varphi_F}{2}\right\}}{n\left[\int_{\varphi_0}^{\varphi_F}2\sin^2\varphi\tan^n\dfrac{\varphi}{2}\mathrm{d}\varphi - \sin\varphi_F(n + \cos\varphi_F)\tan^n\dfrac{\varphi_F}{2}\right]} \quad (3-27)$$

对于 φ_0、φ_F，环向波数 n 对 K 值的影响规律，可以用式（3 – 27）进行计算、分析，对于 $h(\varphi)$ 对 K 值的影响规律，可以用式（3 – 26）进行计算、分析，而对于 $\boldsymbol{\Omega}$ 引起的振型的微小变化对 K 值的影响规律，建议用式（3 – 24）、式（3 – 25）进行计算、分析，其中振型函数 $v(\varphi)$、$w(\varphi)$ 由有限元法计算得到。

🖋 3.4.2 半球壳边界角对 K 值的影响

记 $K(\varphi_0,\varphi_F)$ 是半球壳底端角为 φ_0，顶端角为 φ_F 的进动因子。表 3 – 7 给出了用式（3 – 27）计算等厚度半球壳 $n = 2$、3、4 时的 $K(\varphi_0,\varphi_F)$ 值。

由表 3 – 7 看出，在所研究的 φ_0、φ_F 范围内，由式（3 – 27）得到的结论是：

（1）在 n 一定的情况下，K 对 φ_0 的变化很不敏感，而对 φ_F 则较敏感。

（2）$n = 2$ 时，大约在 $82° \leqslant \varphi_F \leqslant 90°$ 时，K 随 φ_F 的增加而减小；在 $72° \leqslant \varphi_F \leqslant 82°$ 时，K 随 φ_F 的增加而增大。

（3）当 $n \geqslant 3$ 时，K 随 φ_F 的增加而减小。

（4）总之，在 $0° \leqslant \varphi_F \leqslant 10°$，$72° \leqslant \varphi_F \leqslant 90°$，$n = 2$ 时，$K \approx 0.3$；$n = 3$ 时，$K \approx 0.08$；$n = 4$ 时，$K \approx 0.03$。

表 3-7 式(3-27)计算 $n = 2$、3、4 的 $K(\varphi_0, \varphi_F)$

n	$\varphi_0/(°)$ \ $\varphi_F/(°)$	72	75	78	81	84	87	90
2	0	0.288288	0.298333	0.305815	0.310184	0.310811	0.306970	0.297824
	5	0.298485	0.298485	0.305960	0.310322	0.310942	0.307094	0.297938
	10	0.289525	0.299519	0.306949	0.311264	0.311834	0.307932	0.298716
	15	0.292307	0.302189	0.309504	0.313699	0.314139	0.310094	0.300718
3	0	0.088732	0.088424	0.086866	0.083943	0.079549	0.073589	0.065987
	5	0.088735	0.088426	0.086867	0.083944	0.079550	0.073590	0.065988
	10	0.088770	0.088456	0.086893	0.083965	0.079567	0.073604	0.065999
	15	0.088912	0.088577	0.086995	0.084051	0.079638	0.073661	0.066042
4	0	0.038224	0.037283	0.035743	0.033576	0.030764	0.027299	0.023188
	5	0.038224	0.037283	0.035743	0.033576	0.030764	0.027300	0.023188
	10	0.038225	0.037285	0.035744	0.033577	0.030764	0.027300	0.023188
	15	0.038226	0.037293	0.035750	0.033581	0.030768	0.027303	0.023190

表 3-8 给出了用式(3-25)计算 $n = 2$ 时的 $K(\varphi_0, \varphi_F)$，计算时，式(3-25)中的振型 $v(\varphi)$、$w(\varphi)$ 由有限元法得到。

表 3-8 式(3-25)计算 $n = 2$、3、4 的 $K(\varphi_0, \varphi_F)$

$\varphi_0/(°)$ \ $\varphi_F/(°)$	72	78	84	90
0	0.2786419	0.2977042	0.3058940	0.2983956
5	0.2790591	0.3078431	0.3130368	0.2979534
10	0.2785715	0.3069356	0.3121845	0.2968013
15	0.2762944	0.2952071	0.3100027	0.2943835

将表(3-7)中 $n = 2$ 的 $K(\varphi_0, \varphi_F)$ 与表 3-8 对比可知：两者很接近。这说明用式(3-26)和式(3-27)计算的结果具有较高的精度。

3.4.3 半球壳参数对 K 值的影响

式(3-24)可以改写成

$$K = \frac{-2\left\{\int_{\varphi_0}^{\varphi_F}\left[2\sin\varphi\cos\varphi v(\varphi) + \sin^2\varphi w(\varphi)\right]\bar{h}(\varphi)\mathrm{d}\varphi + \sin^2\varphi_F v(\varphi_F)\right\}}{n\left[\int_{\varphi_0}^{\varphi_F}2\sin\varphi v(\varphi)\bar{h}(\varphi)\mathrm{d}\varphi + \sin\varphi_F w(\varphi_F)\right]}$$

$$(3-28)$$

式(3-26)可以改写成

$$K = \frac{-2\sin^3\varphi_F\tan^n(\varphi_F/2) - 2\int_{\varphi_0}^{\varphi_F}(n - \cos\varphi)\sin^2\varphi\tan^n(\varphi/2)\bar{h}(\varphi)\mathrm{d}\varphi}{n(n + \cos\varphi_F)\sin\varphi_F\tan^n(\varphi_F/2) - n\int_{\varphi_0}^{\varphi_F}2\sin^2\varphi\tan^n(\varphi/2)\bar{h}(\varphi)\mathrm{d}\varphi}$$

$$(3-29)$$

式中

$$\bar{h}(\varphi) = h(\varphi)/h(\varphi_F)$$

由于 K 与 $\bar{h}(\varphi)$ 有关,下面着重研究壁厚 $h(\varphi)$ 变化对 K 值的影响。

当 $h(\varphi)$ 沿母线坐标 φ 均匀变化时,K 只与 T_F/T_0 有关。表 3-9 给出了 T_F/T_0 取不同值时的 K 值,为与下面 $\Omega_x = \Omega_{yz} = 400°/\mathrm{s}$ 时的 K 值进行比较,用式(3-28)计算。

由表 3-9 可以看出:K 值受 φ_0 的影响程度随 T_F/T_0 的增加而减弱;受 φ_F 的影响程度随 T_F/T_0 的增加而增强。当 T_F/T_0 增加时,$\bar{h}(\varphi) < 1$,K 值增大。

表 3-9　T_F/T_0 取不同值时的 $K(n = 2, \Omega \to 0)$

(φ_0, φ_F) ＼ T_F/T_0	0.5	1	2
$(0°, 90°)$	0.2483591	0.2983956	0.3214965
$(0°, 72°)$	0.2578653	0.2786419	0.2897415
$(15°, 90°)$	0.2283871	0.2943853	0.3234097
$(15°, 72°)$	0.2450633	0.2762944	0.2913010

⊿ 3.4.4　半球壳参数变化的本质

$n = 2$ 时,式(3-28)变为

$$K = \frac{\sin^3\varphi_F\tan^2\dfrac{\varphi_F}{2} - \int_{\varphi_0}^{\varphi_F}A(\varphi)\bar{h}(\varphi)\mathrm{d}\varphi}{\sin\varphi_F(\cos\varphi_F + 2)\tan^2\dfrac{\varphi_F}{2} - \int_{\varphi_0}^{\varphi_F}B(\varphi)\bar{h}(\varphi)\mathrm{d}\varphi}$$

$$(3-30)$$

式中

$$A(\varphi) = (2 - \cos\varphi) \sin^2\varphi \tan^2 \frac{\varphi}{2}$$

$$B(\varphi) = 2 \sin^2\varphi \tan^2 \frac{\varphi}{2}$$

在 $\varphi \in [0°, 90°]$，$A(\varphi)$、$B(\varphi)$ 均单调增加，且有相同的最大值点 $\varphi_m = 90°$，最大值均为 2。

$$C(\varphi) = B(\varphi) - A(\varphi) = \cos\varphi \sin^2\varphi \tan^2 \frac{\varphi}{2}$$

$$C^{\varphi}(\varphi) = (3 \cos^2\varphi + 2\cos\varphi - 1) \sin\varphi \tan^2 \frac{\varphi}{2}$$

在 $\varphi \in [0°, 90°]$，$C^{\varphi}(\varphi)$ 只有一个零点，$\varphi_1 = 70.53°$。这时 $C(\varphi_1) = 0.148$，因 $C(0°) = C(90°) = 0$，即在 $\varphi \in [0°, \varphi_1]$，$C(\varphi)$ 单调增加，从 0 增加到 $C(\varphi_1)$；在 $\varphi \in [\varphi_1, 90°]$，$C(\varphi)$ 单调减少，从 $C(\varphi_1)$ 减少到 0。$A(\varphi)$、$B(\varphi)$ 在 $\varphi \in [0°, 90°]$ 比较接近。图 3-6 给出了 $A(\varphi)$、$B(\varphi)$ 曲线。

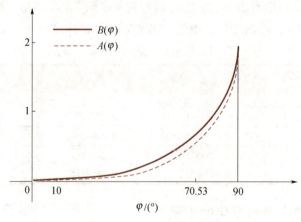

图 3-6　$A(\varphi)$、$B(\varphi)$ 曲线

当 $h(\varphi)$ 为常数时，$\bar{h}(\varphi) \equiv 1$，积分 $\int_{\varphi_0}^{\varphi_F} A(\varphi) \mathrm{d}\varphi$、$\int_{\varphi_0}^{\varphi_F} B(\varphi) \mathrm{d}\varphi$ 分别为 $A(\varphi)$、$B(\varphi)$ 曲线在 $[\varphi_0, \varphi_F]$ 范围的面积。当 $h(\varphi)$ 变化时，在积分 $\int_{\varphi_0}^{\varphi_F} A(\varphi) \bar{h}(\varphi) \mathrm{d}\varphi$，$\int_{\varphi_0}^{\varphi_F} B(\varphi) \bar{h}(\varphi) \mathrm{d}\varphi$ 中，$\bar{h}(\varphi)$ 相当于对 $A(\varphi)$、$B(\varphi)$ 积分的权

函数。由上述分析可知，$\bar{h}(\varphi)$ 对上述积分的影响程度随 φ 的增大而增加，因此在 φ 值大范围内改变 $\bar{h}(\varphi)$，可以最大程度地改变上述积分值。由于 φ_F 是半球壳的顶端角，所以 φ_F 不可能太小，因此

$$\sin^3\varphi_F \tan^2\frac{\varphi_F}{2} > \int_{\varphi_0}^{\varphi_F} A(\varphi)\,\mathrm{d}\varphi \ , \ \sin\varphi_F(\cos\varphi_F + 2)\tan^2\frac{\varphi_F}{2} > \int_{\varphi_0}^{\varphi_F} B(\varphi)\,\mathrm{d}\varphi$$

于是由式（3-30）可知：当 $h(\varphi)$ 随 φ 增加时，$\bar{h}(\varphi) < 1$，K 增大；当 $\bar{h}(\varphi)$ 随 φ 减小时，$\bar{h}(\varphi) > 1$，K 减小。而且在 φ 值大的范围改变 $h(\varphi)$ 时，$\bar{h}(\varphi)$ 变化大，可引起 K 值大的变化。

实际应用中，为了不使 K 值太小，应选壁厚 $h(\varphi)$ 单调增加的半球壳为宜，但这样的壳体加工难度大。因此，为了确保半球谐振陀螺的 K 值维持常数，最好采用等壁厚的半球壳，并在加工中严格控制其壁厚的加工精度。

☑ 3.4.5　半球壳旋转对 K 值的影响

表 3-10 给出了 $h(\varphi)$ 均匀变化，T_F/T_0 取不同值，$\Omega_x = \Omega_{yz} = 400°/\mathrm{s}$ 时的 K 值；与表 3-9 中给出的 $\Omega \to 0$ 时的 K 值进行比较，两者很接近。表 3-11 给出了 $\Omega_x = \Omega_{yz} = 400°/\mathrm{s}$ 的值与 $\Omega \to 0$ 的 K 值相比的变化率 σ。

表 3-10　$\Omega_x = \Omega_{yz} = 400°/\mathrm{s}$ 时的 $K(n = 2)$

T_F/T_0 (φ_0,φ_F)	0.5	1	2
$(0°,90°)$	0.2483591	0.2983955	0.3214963
$(0°,72°)$	0.2578654	0.2786419	0.2897415
$(15°,90°)$	0.2283871	0.2943853	0.3234097
$(15°,72°)$	0.2450637	0.2762947	0.2913012

考察表 3-11，大致可以得到如下结论：振型的进动因子 K 受惯性过载的影响程度与壁厚 $h(\varphi)$ 以及边界角 φ_0、φ_F 有关。当 φ_F 较大时（接近于 90°），φ_0 增加，变化率 σ 减小。且变化率随 T_F/T_0 的增加而增加；当 φ_F 较小时（接近于 72°），φ_0 增加，变化率 σ 增大，且变化率随 T_F/T_0 的增加而减小。

表 3 – 11　$\Omega_x = \Omega_{yz} = 400°/s$ 的 K 值对 $\Omega \rightarrow 0$ 的变化率

T_F/T_0 (φ_0,φ_F)	0.5	1	2
(0°,90°)	0	$- 3.35 \times 10^{-7}$	$- 6.22 \times 10^{-7}$
(0°,72°)	3.88×10^{-7}	0	0
(15°,90°)	0	0	0
(15°,72°)	1.63×10^{-6}	1.09×10^{-6}	6.87×10^{-7}

综合考虑上述因素,实用中,最好选 $h(\varphi)$ = 常数,$\varphi_F = 90°$,φ_0 略大些 (5° ~ 10°)的谐振子,这样的半球壳也易于起振。

3.5　圆柱壳与半球壳环向振型进动特性的实验研究

3.5.1　实验原理与过程

采用 He – Ne 激光器得到的全息干涉图研究轴对称壳体环向振型进动的规律。为了能够在短时间内获得两个状态的全息干涉图,可采用 SHQJ – Ⅰ 型双脉冲激光器来实现。图 3 – 7 给出了实验环境图,包括分光计转台、光学反射镜、分束镜、凸透镜、凹透镜、曝光定时器、全息干板等。

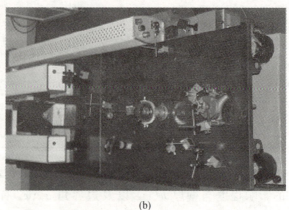

(a)　　　　　　　　　　　(b)

图 3 – 7　实验环境图

(a) 分光计转台;(b) 实验光路图。

图3-8为实验原理简图。在壳体绕中心轴旋转过程中,记录壳体同一点,两个不同时刻(分别对应着图3-8(a)和(b))的情况,即振型在环向的移动情况。如果壳体转了ψ_1角,振型反向转了ψ角,那么环向振型的进动因子为$K = \psi/\psi_1$,K值便反映了振型的进动情况。实验过程如图3-9所示。

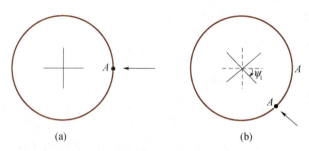

(a)   (b)

图3-8 获取轴对称壳环向振型进度特性的实验原理简图

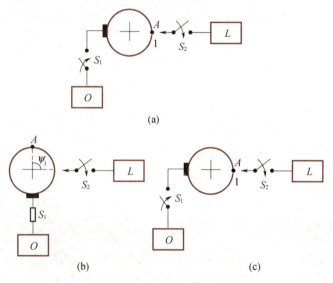

图3-9 实验过程示意图

O—信号发生器;L—双脉冲激光器。

(1)将壳体牢固地安装于分光计转台上,要求两者同轴。

(2)接通信号发生器(闭合开关S_1),精确调节信号频率,使壳体以"谐振频率"振动。

(3)壳体处于位置1时,闭合激光器开关(S_2),拍摄壳体A点的振动情况(图3-9(a)),这时A点振型称为起始振型。

(4) 转动分光计转台,使壳体转 ψ_1 角。这时壳体 A 点振型仍为起始振型(图 3 - 9(b))。

(5) 断开,同时迅速转动分光计转台。当壳体转回到位置 1 时自动闭合,拍摄转了 ψ_1 角后 A 点的振动情况(图 3 - 9(c))。这时 A 点振型称为结束振型。

(6) 重复(2)~(5)的实验步骤。

3.5.2 实验记录与结果

实验光路见附录 B 的附图 B - 4。

下面给出用 SHQJ - I 型双脉冲激光器记录的实验结果。

图 3 - 10 为 1# 圆柱壳 $n = 2$ 的动态实验图,有两组。第一组是(a)、(b);第二组是(c)、(d)。其中(a)、(c)为起始振型,(b)、(d)为结束振型。

图 3 - 11 为 1# 圆柱壳 $n = 3$ 的动态实验图,(a)为起始振型,(b)为结束振型。

图 3 - 12 为 2# 半球壳 $n = 2$ 的动态实验图,(a)为起始振型,(b)、(c)为两次独立的结束振型。

由上述各图便可以确定所做实验的圆柱壳和半球壳的环向振型的进动因子 K,列表 3 - 12。它们与前面的有关理论比较吻合。通过实验研究,对轴对称壳体振型的进动特性有了更直观、深入的认识,为研制轴对称壳谐振陀螺提供了可靠的实验基础。

表 3 - 12　轴对称壳实验 K 值

圆柱壳 $n = 2$	0.692
圆柱壳 $n = 3$	0.386
半柱壳 $n = 2$	0.267

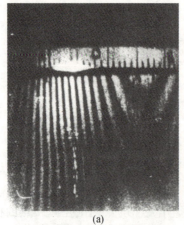

(a)

(b)

$\psi \approx 55.5°$　$\psi_1 \approx 80°$

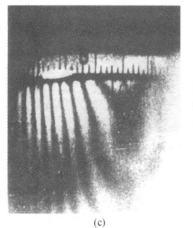
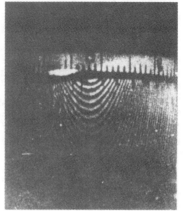

(c)   (d)

$$\Psi \approx 69° \quad \Psi_1 \approx 100°$$

图 3 - 10 $1^{\#}$ 圆柱壳 $n = 2$ 动态实验图

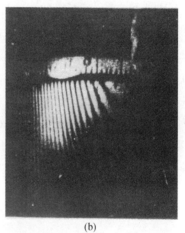

(a)   (b)

$$\Psi \approx 27° \quad \Psi_1 \approx 70°$$

图 3 - 11 $1^{\#}$ 圆柱壳 $n = 3$ 动态实验图

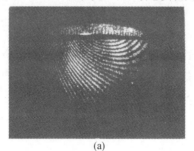

(a)

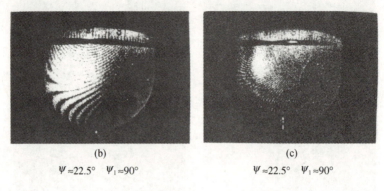

(b)	(c)
$\Psi \approx 22.5°$ $\Psi_1 \approx 90°$	$\Psi \approx 22.5°$ $\Psi_1 \approx 90°$

图 3 - 12   2$^{\#}$ 半球壳 $n = 2$ 动态实验图

3.5.3 实验误差讨论

对上述动态实验,可能有的误差是:

(1)壳体加工误差;

(2)壳体安装位置的误差;

(3)确定干涉条纹位置的误差;

(4)确定空间角的误差。

前两项误差将产生附加干涉条纹,破坏原有干涉条纹,增大实验难度。第(3)项误差较大。对第(4)项,空间角是从分光计上读出的,误差很小,可以忽略。

3.6 小结

本章对轴对称壳环向振型的进动特性进行了深入的理论研究,对两类典型的壳体——圆柱壳、半球壳作了详细的分析计算,并对圆柱壳和半球壳实验样件,采用激光全息的方法进行了简要的实验研究。所得主要结论归纳如下:

(1)轴对称壳旋转时,环向振型的进动特性是非接触式轴对称壳谐振陀螺的基本工作原理,它是壳体绕中心轴旋转产生的哥氏效应引起的。这一特性与壳体的几何特征有很大关系。

(2)环向振型的进动特性,只与壳体绕中心轴的转速 Ω_x 有关,不受角加速度的影响。

（3）惯性过载对振型的进动特性影响极小。

（4）圆柱壳：

① 底端的约束形式对进动因子 K 的影响程度随圆柱壳半径长度比 r/L 的增大而减小。约束了母线方向位移的 K_b 值略大于不约束母线方向位移的 K_a 值。

② 壁厚变化时对 K 值的影响程度随 r/L 的增大而减小。

③ 常用的圆柱壳，$K \approx \dfrac{4}{n^2 + 1}$。

（5）半球壳：

① 振型的进动规律基本上不受其约束形式的影响。

② 在半球壳的参数中，以顶端角 φ_F 和变化的壁厚 $h(\varphi)$ 对 K 值影响最大，底端角 φ_0 较小。其他参数及等壁厚 h 几乎不影响。

$h(\varphi)$ 变化时，对 K 值的影响程度随 φ 的增大而增加；$h(\varphi)$ 单调减小时，K 值减小，$h(\varphi)$ 单调增加时，K 值增大。

③ 常用的半球壳，$n = 2$，$K \approx 0.3$；$n = 3$，$K \approx 0.08$；$n = 4$，$K \approx 0.03$。

（6）若选圆柱壳作为轴对称壳谐振陀螺（即圆柱壳谐振陀螺 Cylindrical Resonator Gyro，CRG）的敏感部件，建议采用图 2 - 10（a）的结构形式的等壁厚圆柱壳。

（7）若选半球壳作为轴对称壳谐振陀螺（即半球谐振陀螺 HRG）的敏感部件，建议采用 $\varphi_F = 90°$、$\varphi_0 = 5° \sim 10°$ 的等壁厚半球壳。

第 4 章
实际轴对称壳的特性分析

▶ 4.1　简述

　　第 2 章、第 3 章对理想轴对称壳旋转时的动力特性作了较全面的分析研究。而实际壳体,不可避免地存在着材料、工艺等方面的缺陷和误差。它们将影响轴对称壳谐振陀螺的性能。因此,研究有缺陷的轴对称壳谐振子对设计轴对称壳谐振陀螺是有现实意义的。

　　针对缺陷谐振子,本章主要分析两类。

　　第一类:在谐振壳的任意位置上有缺陷块,如图 4 - 1 所示。缺陷块在环向的宽度为 α ,在母线方向的位置为 $s \in [L_a, L_b]$,缺陷块的参数为 E_a、ρ_a、μ_a、$r_a(s)$、$h_a(s)$ 。

　　第二类:在理想的半球壳顶沿上沿母线方向长出一部分圆柱壳,其长度为 L_d ,如图 4 - 2 所示。

　　上两类谐振子的其他部分认为是理想的,参数为 E、ρ、μ、$r(s)$、$h(s)$ 。

　　为便于分析,这里仅对有缺陷的等壁厚谐振子加以分析。缺陷主要反映在 E_a、ρ_a、$h_a(s)$ 上。

　　考虑到实际轴对称壳谐振子存在的缺陷,为了使实用的半球壳更接近于理想情况,除了严格选择其材料、控制其加工精度外,还可以在结构形式上采

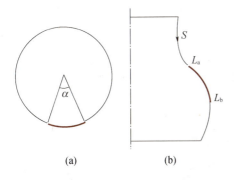

图 4 - 1　缺陷块位置示意图

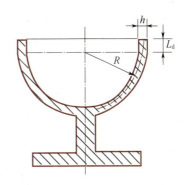

图 4 - 2　带有圆柱壳的半球谐振子

取一些措施。在半球谐振陀螺中,谐振子的实际结构形式如图 4 - 3 所示。底端与支柱固连。支柱直径 d 与半球壳的半径 R、壁厚 h 决定着半球壳的底端角 φ_0。在半球壳的顶端周边开有若干个均布的小槽,为的是取得极好的动平衡,以获得在各个方向上相等的振幅,从而有利于提高半球谐振陀螺的测量精度。本章也研究这种特殊结构形式的半球壳的振动特性。

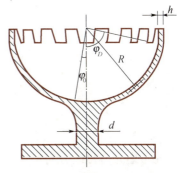

图 4 - 3　PH 谐振子示意图

为了叙述方便,将这种谐振子称为 PH 谐振子(Practical Hemispherical Resonator)。

与此同时,考虑到实际轴对称壳谐振子是通过支承杆与外界连接的,支承杆的弯曲振动有可能影响轴对称壳的固有振动特性,从而影响轴对称壳谐振陀螺的性能。本章还将研究这种带有支承杆的轴对称壳的耦合振动特性。

4.2　第一类缺陷谐振子的谐振频率

4.2.1　动力学方程

由于壳体在环向有缺陷,必然会引起环向振型的偏移,如图 4 - 4 所示。设缺陷块的中心为 θ 的起点,θ 沿逆时针方向为正,环向振型偏移了缺陷块中心 ψ 角

（图4-4中振型2），它的正方向为顺时针。在此情况下，环向波数为 n 的振型为

$$[\boldsymbol{V}] = \begin{bmatrix} \cos n(\theta+\psi) & 0 & 0 \\ 0 & \sin n(\theta+\psi) & 0 \\ 0 & 0 & \cos n(\theta+\psi) \end{bmatrix} \begin{bmatrix} u(s) \\ v(s) \\ w(s) \end{bmatrix} e^{i\omega t}$$

$$(4-1)$$

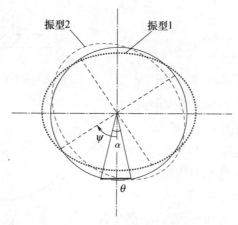

图4-4 振型在环向的分布

先考虑壳体母线方向位置 $s \in [L_a, L_b]$ 范围的各种动力学关系式。在 $s \in [L_a, L_b]$，对壳体在环向的缺陷段 $\theta \in \left[-\dfrac{\alpha}{2}, \dfrac{\alpha}{2}\right]$，经推导可得

$$U_1 = \frac{e^{2i\omega t}}{2} \int_{L_a}^{L_b} ([\boldsymbol{L}_s][\boldsymbol{V}(s)])^{\mathrm{T}}[\boldsymbol{D}_a][\boldsymbol{Q}_a]([\boldsymbol{L}_s][\boldsymbol{V}(s)]) r_a(s) h_a(s) \mathrm{d}s$$

$$(4-2)$$

$$[\boldsymbol{D}_a] = \frac{E_a}{1-\mu_a^2} \begin{bmatrix} 1 & \mu_a & 0 & 0 & 0 & 0 \\ \mu_a & 1 & 0 & 0 & 0 & 0 \\ 0 & 0 & \dfrac{1-\mu_a}{2} & 0 & 0 & 0 \\ 0 & 0 & 0 & \dfrac{h_a^2}{12} & \dfrac{h_a^2}{12}\mu_a & 0 \\ 0 & 0 & 0 & \dfrac{h_a^2}{12}\mu_a & \dfrac{h_a^2}{12} & 0 \\ 0 & 0 & 0 & 0 & 0 & \dfrac{h_a^2(1-\mu_a)}{12} \end{bmatrix}$$

$$[\boldsymbol{Q}_a] = \frac{\alpha}{2}\boldsymbol{I}_6 + q_a\boldsymbol{J}_6$$

$$q_a = \frac{1}{2n}\sin n\alpha\cos 2n\psi$$

$$\boldsymbol{J}_6 = \mathrm{diag}(1 \quad 1 \quad -1 \quad 1 \quad 1 \quad -1)$$

式中：$\boldsymbol{I}_6$ 为 6 阶单位方阵。

$$\delta T_1 = \mathrm{e}^{2\mathrm{i}\omega}\rho_a\omega^2\int_{L_a}^{L_b}[\boldsymbol{V}(s)]^{\mathrm{T}}[\boldsymbol{Q}_{ma}]\delta[\boldsymbol{V}(s)]r_a(s)h_a(s)\mathrm{d}s \quad (4-3)$$

$$[\boldsymbol{Q}_{ma}] = \frac{\alpha}{2}\boldsymbol{I}_3 + q_a\boldsymbol{J}_3$$

$$\boldsymbol{J}_3 = \mathrm{diag}(1 \quad -1 \quad 1)$$

式中：$\boldsymbol{I}_3$ 为 3 阶单位方阵。

在 $s \in [L_a, L_b]$，对于壳体的非缺陷段 $\theta \in \left[\frac{\alpha}{2}, 2\pi - \frac{\alpha}{2}\right]$，可以推得

$$U_2 = \frac{\mathrm{e}^{2\mathrm{i}\omega t}}{2}\int_{L_a}^{L_b}([\boldsymbol{L}_s][\boldsymbol{V}(s)])^{\mathrm{T}}[\boldsymbol{D}][\boldsymbol{Q}_b]([\boldsymbol{L}_s][\boldsymbol{V}(s)])r(s)h(s)\mathrm{d}s$$

$$(4-4)$$

$$[\boldsymbol{Q}_b] = \left(\pi - \frac{\alpha}{2}\right)\boldsymbol{I}_6 - q_a\boldsymbol{J}_6$$

$$\delta T_2 = \mathrm{e}^{2\mathrm{i}\omega t}\rho\omega^2\int_{L_a}^{L_b}[\boldsymbol{V}(s)]^{\mathrm{T}}[\boldsymbol{Q}_{mb}]\delta[\boldsymbol{V}(s)]r(s)h(s)\mathrm{d}s \quad (4-5)$$

$$[\boldsymbol{Q}_{mb}] = \left(\pi - \frac{\alpha}{2}\right)\boldsymbol{I}_3 - q_a\boldsymbol{J}_3$$

当壳体旋转时，在壳体旋转的空间研究问题时应考虑 Ω_x、Ω_{yz} 引起的有关项 U_0、δW_e。由第 2 章可知：Ω_x、Ω_{yz} 对理想谐振子谐振频率的影响很小，所以这里不考虑旋转对谐振频率的影响。

在 $s \in [L_a, L_b]$，轴对称壳在整个环向的弹性势能与振动惯性力的虚功为

$$\begin{cases} U_a = U_1 + U_2 \\ \delta T_a = \delta T_1 + \delta T_2 \end{cases} \quad (4-6)$$

轴对称壳在母线方向余下的部分 $s \in [0, L_a] \cup [L_b, L]$，其势能和振动惯性力的虚功的建立同第 2 章，分别记为 U_b、δT_b。这样整个壳体的势能和振动

惯性力的虚功为

$$\begin{cases} U = U_a + U_b \\ \delta T = \delta T_a + \delta T_b \end{cases} \quad (4-7)$$

对于底端有约束、顶端开口的缺陷轴对称壳,其母线方向的位移仍近似满足 L. R. C ,利用类似于 2.4 节中的方法,由虚位移原理可得

$$\omega^2 = \frac{k}{m} = \frac{k_b + k_a}{m_b + m_a} \quad (4-8)$$

式中的 k_b、k_a、m_b、m_a 将结合具体的壳体给出。

✍ 4.2.2　圆柱壳

现在对有缺陷块的圆柱壳进行分析,其外形结构同图 2 - 10(a)。对于这种结构形式的圆柱壳,经推导可得式(4-8)中的诸项为

$$k_b = \frac{E\pi}{(1-\mu^2)r^3}\left[\int_0^{L_a} g_1(n,s)h^3(s)\,\mathrm{d}s + \int_{L_b}^{L} g_1(n,s)h^3(s)\,\mathrm{d}s\right] \quad (4-9)$$

$$k_a = \frac{E_a\frac{\alpha}{2}}{(1-\mu_a^2)r_a^3}\int_{L_a}^{L_b} g_1(n,s)h_a^3(s)\,\mathrm{d}s +$$

$$\frac{E\frac{\alpha}{2}}{(1-\mu^2)r^3}\int_{L_a}^{L_b} g_1(n,s)h^3(s)\,\mathrm{d}s + \frac{E_a q_a}{(1-\mu_a^2)r^3}\int_{L_a}^{L_b} g_{ak}(n,s)h_a^3(s)\,\mathrm{d}s -$$

$$\frac{E q_a}{(1-\mu^2)r^3}\int_{L_a}^{L_b} g_{bk}(n,s)h^3(s)\,\mathrm{d}s + \frac{E\pi}{(1-\mu^2)r^3}\int_{L_a}^{L_b} g_1(n,s)h^3(s)\,\mathrm{d}s$$

$$(4-10)$$

$$g_{ak}(n,s) = \frac{n^2(n^2-1)^2}{12}\left[\frac{n^2 s^2}{r_a^2} - 2(1-\mu_a)\right]$$

$$g_{bk}(n,s) = \frac{n^2(n^2-1)^2}{12}\left[\frac{n^2 s^2}{r^2} - 2(1-\mu)\right]$$

$$m_b = \pi\rho r\left[\int_0^{L_a} g_7(n,s)h(s)\,\mathrm{d}s + \int_{L_b}^{L} g_7(n,s)h(s)\,\mathrm{d}s\right] \quad (4-11)$$

$$m_a = \frac{\alpha}{2}\rho_a r_a\int_{L_a}^{L_b} g_7(n,s)h_a(s)\,\mathrm{d}s - \frac{\alpha}{2}\rho r\int_{L_a}^{L_b} g_7(n,s)h(s)\,\mathrm{d}s +$$

$$q_a \rho_a r_a \int_{L_a}^{L_b} g_{am}(n,s) h_a(s) \mathrm{d}s - q_a \rho r \int_{L_a}^{L_b} g_{bm}(n,s) h(s) \mathrm{d}s +$$

$$\pi \rho r \int_{L_a}^{L_b} g_7(n,s) h(s) \mathrm{d}s \qquad\qquad (4-12)$$

$$g_{am}(n,s) = n^2(n^2-1) \cdot \frac{s^2}{r_a^2} + 1$$

$$g_{bm}(n,s) = n^2(n^2-1) \cdot \frac{s^2}{r^2} + 1$$

$g_1(n,s)$、$g_7(n,s)$ 同 2.4.2 节。

将式(4-9)~式(4-12)代入式(4-8),并考虑到 $r_a = r, \mu_a = \mu$, 得

$$\omega^2 = \frac{k}{m} \qquad\qquad (4-13)$$

$$k = \frac{E}{(1-\mu^2)r^3}\left\{ \pi \int_0^L g_1(n,s) h^3(s) \mathrm{d}s + \frac{\alpha}{2} \int_{L_a}^{L_b} g_1(n,s)\left[h_a^3(s) \frac{E_a}{E} - h^3(s) \right]\right.$$

$$\left. \mathrm{d}s + q_a \int_{L_a}^{L_b} g_{bk}(n,s)\left[h_a^3(s) \frac{E_a}{E} - h^3(s) \right]\mathrm{d}s \right\} \qquad\qquad (4-14)$$

$$m = \rho r \left\{ \pi \int_0^L g_7(n,s) h(s) \mathrm{d}s + \frac{\alpha}{2} \int_{L_a}^{L_b} g_7(n,s)\left[h_a(s) \frac{\rho_a}{\rho} - h(s) \right]\right.$$

$$\left. \mathrm{d}s + q_a \int_{L_a}^{L_b} g_{bm}(n,s)\left[h_a(s) \frac{\rho_a}{\rho} - h(s) \right]\mathrm{d}s \right\} \qquad\qquad (4-15)$$

考察式(4-13)~式(4-15),谐振频率与缺陷块的大小和位置、在母线方向的范围 $s \in [L_a, L_b]$ 有关。当缺陷块的大小和位置确定后,谐振频率与振型在环向的偏移角 ψ 有关。分析缺陷谐振子主要就是分析振型在环向的偏移角取不同值时对其振动特性的影响。为便于计算,记 $\psi_c = 2n\psi$, 于是

$$q_a = \frac{1}{2n} \sin n\alpha \cos \psi_c$$

由式(4-13)~式(4-15)可知:ψ_c 变化时,q_a 取极值(极大或极小)时,对应的谐振频率必取极值(极大或极小)。

对于确定的缺陷块,记 $\sigma_m = (\omega_{\max} - \omega_{\min})/\omega_0$,为缺陷谐振子谐振频率变

化率的最大值。$\omega_{\max}$、$\omega_{\min}$ 分别为 ψ_c 变化时谐振频率的最大、最小值。ω_0 为无缺陷时的谐振频率。于是 σ_m 值便可衡量振型不同的环向分布对谐振频率的影响。

表 4 – 1 ~ 表 4 – 3 分别给出了 $E_a/E = 1.1$，$\rho_a/\rho = 1.1$，$h_a = 1.1h =$ 常数时，单独变化，由式(4 – 13)计算的结果；表 4 – 4 给出了表 4 – 1 ~ 表 4 – 3 得到的不同宽度 α 的缺陷块，在不同的母线方向位置时，谐振频率变化率的最大值 σ_m。表中母线方向位置一栏的"上"、"中"、"下"、全分别代表 $[L_a, L_b]$ 取 $\left[\dfrac{2L}{3}, L\right]$、$\left[\dfrac{L}{3}, \dfrac{2L}{3}\right]$、$\left[0, \dfrac{L}{3}\right]$、$[0, L]$，圆柱壳的其他参数同 $1^{\#}$ 圆柱壳。

表 4 – 1 $E_a/E = 1.1$ 单独变化时圆柱壳谐振频率 $\omega/\mathrm{Hz}(n = 2)$

$\alpha/(°)$	$\psi_c/(°)$	上	中	下	全
5	0	1198.573	1198.230	1198.058	1198.757
	90	1198.062	1198.056	1198.053	1198.067
	180	1197.550	1197.882	1198.048	1197.376
15	0	1199.552	1198.564	1198.070	1200.081
	90	1198.081	1198.064	1198.055	1198.096
	180	1196.609	1197.563	1198.040	1196.107
30	0	1200.657	1198.942	1198.083	1201.576
	90	1198.111	1198.075	1198.057	1198.139
	180	1195.559	1197.208	1198.031	1194.692
45	0	1201.084	1199.087	1198.090	1202.151
	90	1198.140	1198.087	1198.066	1198.183
	180	1195.193	1197.085	1198.030	1194.202

表 4-2 $\rho_a/\rho = 1.1$ 单独变化时圆柱壳谐振频率 $\omega/\mathrm{Hz}(n = 2)$

$\alpha/(°)$	$\psi_c/(°)$	上	中	下	全
5	0	1197.693	1197.918	1198.030	1197.537
	90	1198.042	1198.048	1198.051	1198.037
	180	1198.391	1198.179	1198.073	1198.539
15	0	1197.019	1197.665	1197.988	1196.569
	90	1198.022	1198.041	1198.050	1198.008
	180	1199.026	1198.417	1198.113	1199.453
30	0	1196.257	1197.378	1197.940	1195.375
	90	1197.991	1198.029	1198.048	1197.965
	180	1199.733	1198.681	1198.157	1200.470
45	0	1195.959	1197.266	1197.922	1195.048
	90	1197.961	1198.018	1198.047	1197.921
	180	1199.973	1198.771	1198.172	1200.815

表 4-3 $h_a/h = 1.1$ 单独变化时圆柱壳谐振频率 $\omega/\mathrm{Hz}(n = 2)$

$\alpha/(°)$	$\psi_c/(°)$	上	中	下	全
5	0	1199.416	1198.506	1198.050	1199.866
	90	1198.074	1198.061	1198.054	1198.085
	180	1196.729	1197.616	1198.059	1196.299
15	0	1201.974	1199.358	1198.046	1203.265
	90	1198.119	1198.079	1198.059	1198.153
	180	1194.238	1196.797	1198.072	1192.994
30	0	1204.846	1200.319	1198.044	1207.076
	90	1198.185	1198.106	1198.066	1198.253
	180	1191.448	1195.883	1198.089	1189.290
45	0	1205.935	1200.688	1198.047	1208.527
	90	1198.252	1198.133	1198.073	1198.354
	180	1190.467	1195.566	1198.099	1187.993

从表4-4可知,对于所分析的范围:

(1) 缺陷块在环向的宽度 α 增大时, σ_m 增大。

(2) 顶端有缺陷比底端有缺陷对其谐振频率的影响大得多。

(3) E、ρ、h 三个参数引起的缺陷,在母线方向的底部时,引起 σ_m 的大小依次是 ρ、E、h;而在母线方向中、顶部时,引起 σ_m 的大小依次是 h、E、ρ。因此,为使圆柱壳的谐振频率稳定,在加工时,应严格控制其中、上部的加工精度,特别是壁厚。

表4-4 圆柱壳谐振频率变化率的最大值 $\sigma_m (n=2)$

缺陷量	母线方向位置 $\alpha/(°)$	上	中	下	全
E	5	8.54×10^{-4}	2.90×10^{-4}	8.35×10^{-6}	1.15×10^{-3}
	15	2.46×10^{-3}	8.36×10^{-4}	2.50×10^{-5}	3.32×10^{-3}
	30	4.26×10^{-3}	1.45×10^{-3}	4.34×10^{-5}	5.92×10^{-3}
	45	4.91×10^{-3}	2.51×10^{-3}	5.01×10^{-5}	6.63×10^{-3}
ρ	5	5.83×10^{-4}	2.18×10^{-4}	3.59×10^{-4}	8.38×10^{-4}
	15	1.68×10^{-3}	6.28×10^{-4}	1.04×10^{-4}	2.41×10^{-3}
	30	2.90×10^{-3}	1.09×10^{-3}	1.81×10^{-4}	4.17×10^{-3}
	45	3.35×10^{-3}	1.26×10^{-3}	2.09×10^{-4}	4.81×10^{-3}
h	5	2.24×10^{-3}	7.43×10^{-4}	7.51×10^{-6}	2.98×10^{-3}
	15	6.46×10^{-3}	2.14×10^{-3}	2.15×10^{-5}	8.57×10^{-3}
	30	1.12×10^{-2}	3.70×10^{-3}	3.76×10^{-5}	1.48×10^{-2}
	45	1.29×10^{-2}	4.28×10^{-3}	4.34×10^{-5}	1.71×10^{-2}

注:$\omega_0 = 1198.052$Hz

4.2.3 半球壳

对于顶端(φ_F)开口、底端(φ_0)约束(图2-9)的半球壳(设缺陷块在母线方向的位置为 $\varphi \in (\varphi_a, \varphi_b)$),经推导,式(4-8)中的诸项为

$$k_b = \frac{E\pi}{(1+\mu)R^2} \left[\int_{\varphi_0}^{\varphi_a} f_1(n,\varphi) h^3(\varphi) d\varphi - \int_{\varphi_b}^{\varphi_F} f_1(n,\varphi) h_a^3(\varphi) d\varphi \right]$$

$$(4-16)$$

$$k_{\mathrm{a}} = \frac{E_{\mathrm{a}}\dfrac{\alpha}{2}}{(1+\mu_{\mathrm{a}}^{2})R_{\mathrm{a}}^{2}}\int_{\varphi_{\mathrm{a}}}^{\varphi_{\mathrm{b}}}f_{1}(n,\varphi)h^{3}(\varphi)\mathrm{d}\varphi - \frac{E\dfrac{\alpha}{2}}{(1+\mu^{2})R^{3}}\int_{\varphi_{\mathrm{a}}}^{\varphi_{\mathrm{b}}}f_{1}(n,\varphi)h^{3}(\varphi)\mathrm{d}\varphi +$$

$$\frac{E\pi}{(1+\mu)R^{2}}\int_{\varphi_{\mathrm{a}}}^{\varphi_{\mathrm{b}}}f_{1}(n,\varphi)h^{3}(\varphi)\mathrm{d}\varphi \qquad (4-17)$$

$$m_{\mathrm{b}} = \pi\rho R^{2}\Big[\int_{\varphi_{0}}^{\varphi_{\mathrm{a}}}f_{7}(n,\varphi)h(\varphi)\mathrm{d}\varphi + \int_{\varphi_{\mathrm{b}}}^{\varphi_{F}}f_{7}(n,\varphi)h(\varphi)\mathrm{d}\varphi\Big] \qquad (4-18)$$

$$m_{\mathrm{a}} = \frac{\alpha}{2}\rho_{\mathrm{a}}R_{\mathrm{a}}^{2}\int_{\varphi_{\mathrm{a}}}^{\varphi_{\mathrm{b}}}f_{7}(n,\varphi)h(\varphi)\mathrm{d}\varphi - \frac{\alpha}{2}\rho R^{2}\int_{\varphi_{\mathrm{a}}}^{\varphi_{\mathrm{b}}}f_{7}(n,\varphi)h(\varphi)\mathrm{d}\varphi +$$

$$q_{\mathrm{a}}\rho_{\mathrm{a}}R_{\mathrm{a}}^{2}\int_{\varphi_{\mathrm{a}}}^{\varphi_{\mathrm{b}}}f_{\mathrm{a}}(n,\varphi)h_{\mathrm{a}}(\varphi)\mathrm{d}\varphi - q_{\mathrm{a}}\rho R^{2}\int_{\varphi_{\mathrm{a}}}^{\varphi_{\mathrm{b}}}f_{\mathrm{a}}(n,\varphi)h(\varphi)\mathrm{d}\varphi +$$

$$\pi\rho R^{2}\int_{\varphi_{\mathrm{a}}}^{\varphi_{\mathrm{b}}}f_{7}(n,\varphi)h(\varphi)\mathrm{d}\varphi \qquad (4-19)$$

$$f_{\mathrm{a}}(n,\varphi) = (n+\cos\varphi)^{2}\sin\varphi\,\tan^{2n}\frac{\varphi}{2}$$

$$f_{1}(n,\varphi) = \frac{n^{2}(n^{2}-1)^{2}}{3\sin^{3}\varphi}\tan^{2n}\frac{\varphi}{2}$$

$$f_{7}(n,\varphi) = (\sin^{2}\varphi + 2n\cos\varphi + n^{2} + 1)\tan^{2n}\frac{\varphi}{2}\sin\varphi$$

将式(4-16)~式(4-19)代入式(4-8),并考虑到 $R_{\mathrm{a}} = R,\mu_{\mathrm{a}} = \mu$,可得

$$\omega^{2} = \frac{k}{m} \qquad (4-20)$$

$$k = \frac{E}{(1+\mu)R^{2}}\Big\{\pi\int_{\varphi_{0}}^{\varphi_{F}}f_{1}(n,\varphi)h^{3}(\varphi)\mathrm{d}\varphi + \frac{\alpha}{2}\int_{\varphi_{\mathrm{a}}}^{\varphi_{\mathrm{b}}}f_{1}(n,\varphi)\Big[h_{\mathrm{a}}^{3}(\varphi)\frac{E_{\mathrm{a}}}{E} - h^{3}(\varphi)\Big]\mathrm{d}\varphi\Big\}$$

$$(4-21)$$

$$m = \rho R^{2}\Big\{\pi\int_{\varphi_{\mathrm{a}}}^{\varphi_{\mathrm{b}}}f_{7}(n,\varphi)\mathrm{d}\varphi + \frac{\alpha}{2}\int_{\varphi_{\mathrm{a}}}^{\varphi_{\mathrm{b}}}f_{7}(n,\varphi)\Big[h_{\mathrm{a}}(\varphi)\frac{\rho_{\mathrm{a}}}{\rho} - h(\varphi)\Big]\mathrm{d}\varphi +$$

$$q_{\mathrm{a}}\int_{\varphi_{\mathrm{a}}}^{\varphi_{\mathrm{b}}}f_{\mathrm{a}}(n,\varphi)\Big[h_{\mathrm{a}}(\varphi)\frac{\rho_{\mathrm{a}}}{\rho} - h(\varphi)\Big]\mathrm{d}\varphi\Big\} \qquad (4-22)$$

考察式(4-21),由于 k 与 q_{a} 无关,因此对于半球壳来说,它的势能不受振型在环向分布的影响,仅与缺陷块的大小和位置有关。由 E_{a} 引起的缺陷对谐振频率的影响不受振型在环向分布的影响。

　　为了考察壳体的缺陷块在不同的环向宽度时,谐振频率的变化情况,定义

由 E_a 单独引起的半球壳谐振频率的变化率为

$$\sigma_m(E) = \frac{|\omega - \omega_0|}{\omega_0} \qquad (4-23)$$

式中：ω_0 为无缺陷时的谐振频率。

表 4-5 ~ 表 4-7 分别给出了 $\dfrac{E_a}{E} = 1.1$，$\dfrac{\rho_a}{\rho} = 1.1$，$h_a = 1.1h = $ 常数，单独变化时，由式（4-20）计算 1# 半球壳谐振频率的结果，表 4-8 给出了由表 4-5 ~ 表 4-7 得到的不同缺陷块的大小和位置时，谐振频率变化率的最大值 σ_m，其中"E"栏下的值是由式（4-23）计算得到的，如用前面定义的 σ_m 来计算应为零。另外半球壳的顶端角 φ_F 为 90°，底端角 φ_0 为 0°。在"母线方向位置"一栏中的"上"、"中"、"下"、"全"分别表示 $[\varphi_a, \varphi_b]$ 取 $[60°, 90°]$、$[30°, 60°]$、$[0°, 30°]$、$[0°, 90°]$。

表 4-5　$E_a/E = 1.1$ 单独变化时半球壳谐振频率 $\omega/\mathrm{Hz}(n=2)$

$\alpha/(°)$	母线方向位置 上	中	下	全
5	208.3670	208.3617	208.3610	208.3634
15	208.3792	208.3633	208.3611	208.3684
30	208.3974	208.3658	208.3614	208.3760
45	208.4157	208.3783	208.3616	208.3836

表 4-6　$\rho_a/\rho = 1.1$ 单独变化时半球壳谐振频率 $\omega/\mathrm{Hz}(n=2)$

$\alpha/(°)$	$\psi_c/(°)$	母线方向位置 上	中	下	全
	0	208.0731	208.3403	208.3607	208.2543
5	90	208.3539	208.3604	208.3609	208.3583
	180	208.6359	208.3806	208.3610	208.4625
	0	207.5346	208.3015	208.3604	208.0543
15	90	208.3401	208.3596	208.3609	208.3533
	180	209.1550	208.4177	208.3614	208.6536

（续）

$\alpha/(°)$	$\psi_c/(°)$	上	中	下	全
		母线方向 位置			
30	0	206.9304	208.2578	208.3600	207.8287
	90	208.3192	208.3584	208.3608	208.3457
	180	209.7365	208.4590	208.3617	208.8667
45	0	206.6977	208.2410	208.3598	207.7415
	90	208.2984	208.3571	208.3608	208.3382
	180	209.9370	208.4734	208.3618	208.9399

表 4-7　$h_a/h = 1.1$ 单独变化时半球壳谐振频率 $\omega/\mathrm{Hz}(n=2)$

$\alpha/(°)$	$\psi_c/(°)$	上	中	下	全
		母线方向 位置			
5	0	208.0932	208.3430	208.3601	208.2627
	90	208.3741	208.3632	208.3611	208.3667
	180	208.6561	208.3834	208.3613	208.4709
15	0	207.5948	208.3097	208.3612	208.0793
	90	208.4005	208.3678	208.3617	208.3784
	180	209.2157	208.4259	208.3622	208.6787
30	0	207.0505	208.2741	208.3616	207.8787
	90	208.4402	208.3747	208.3625	208.3959
	180	209.8582	208.4754	208.3634	208.9169
45	0	206.8777	208.2655	208.3623	207.8165
	90	208.4798	208.3816	208.3633	208.4134
	180	210.1198	208.4979	208.3643	209.0154

由表4-8知,对于所分析的范围:

(1) 缺陷块在环向的宽度 α 增加时, σ_m 增大。

(2) 顶端有缺陷比底端有缺陷对谐振频率的影响大的多。

(3) E_a 引起的缺陷对谐振频率的影响与环向振型的分布无关; ρ_a, h_a 的缺陷对谐振频率的影响程度很接近。

表4-8　半球壳谐振频率变化率的最大值 $\sigma_m(n=2)$

$\alpha/(°)$ $\psi_c/(°)$	母线方向位置	上	中	下	全
E	5	2.93×10^{-5}	3.84×10^{-6}	4.80×10^{-7}	1.20×10^{-5}
	15	8.78×10^{-5}	1.15×10^{-5}	9.60×10^{-7}	3.60×10^{-5}
	30	1.73×10^{-4}	2.35×10^{-5}	2.40×10^{-6}	7.25×10^{-5}
	45	2.63×10^{-4}	8.35×10^{-5}	3.36×10^{-6}	1.09×10^{-4}
ρ	5	2.70×10^{-3}	1.93×10^{-4}	1.44×10^{-6}	9.99×10^{-4}
	15	7.78×10^{-3}	5.58×10^{-4}	4.80×10^{-6}	2.88×10^{-3}
	30	1.35×10^{-2}	9.66×10^{-4}	8.16×10^{-6}	4.98×10^{-3}
	45	1.55×10^{-2}	1.12×10^{-3}	9.60×10^{-6}	5.75×10^{-3}
h	5	2.70×10^{-3}	1.92×10^{-4}	1.44×10^{-6}	9.99×10^{-4}
	15	7.78×10^{-3}	5.58×10^{-4}	4.80×10^{-6}	2.88×10^{-3}
	30	1.35×10^{-2}	9.66×10^{-4}	8.64×10^{-6}	4.98×10^{-3}
	45	1.56×10^{-2}	1.12×10^{-3}	9.60×10^{-6}	5.75×10^{-3}

注: $\omega_0 = 208.3609\mathrm{Hz}$

4.2.4　缺陷对圆柱壳和半球壳谐振频率影响的比较

这里对如图2-10(a)所示结构形式的圆柱壳和如图2-9所示结构形式的半球壳,比较 E_a、ρ_a、h_a 有缺陷时,对其谐振频率变化率最大值 σ_m 的影响,并给出上面两种结构形式的壳体在给定 σ_m 时,确定 E_a、ρ_a、h_a 所允许的缺陷程度。

由2.4.2节中对 $g_1(n,s)$、$g_7(n,s)$ 的定义和4.2.2节中对 $g_{bk}(n,s)$、$g_{bm}(n,s)$ 的定义可知:通常使用的圆柱壳,由于 $L^2/r^2 \gg 1$,在 $[L_a,L_b]$ 上, $g_{bk}(n,s)$ 与 $g_1(n,s)$ 的积分很接近, $g_{bm}(n,s)$ 的积分大约是 $g_7(n,s)$ 积分的

$(n^2-1)/(n^2+1)$ 倍,这样,对等壁厚的圆柱壳,式(4-13)可近似写成

$$\omega^2 = \frac{Eh^2(n^2-1)^2n^2}{12r^4\rho(1-\mu^2)(n^2+1)} \cdot \frac{\pi + \frac{\alpha}{2}C_1 + q_aC_1}{\pi + \frac{\alpha}{2}C_2 + \frac{n^2-1}{n^2+1}q_aC_2} \quad (4-24)$$

$$C_1 = \frac{L_b^2-L_a^2}{L^2}\left(\frac{E_ah_a^3}{Eh^3}-1\right) \quad (4-25)$$

$$C_2 = \frac{L_b^2-L_a^2}{L^2}\left(\frac{\rho_ah_a}{\rho h}-1\right) \quad (4-26)$$

由 2.5 节的分析,式(4-24)可近似写成

$$\frac{\omega^2}{\omega_0^2} = \frac{\pi + \frac{\alpha}{2}C_1 + q_aC_1}{\pi + \frac{\alpha}{2}C_2 + \frac{n^2-1}{n^2+1}q_aC_1} \quad (4-27)$$

$$\omega_0^2 = \frac{Eh^2(n^2-1)^2n^2}{12\rho r^4(1-\mu^2)(n^2+1)}$$

根据 σ_m 的定义,由式(4-27)便可推得圆柱壳谐振频率变化率的最大值:

$$\sigma_m = \frac{\frac{1}{2n}\sin n\alpha \left| C_2\left(\pi + \frac{\alpha}{2}C_1\right)\frac{n^2-1}{n^2+1} - C_1\left(\pi + \frac{\alpha}{2}C_2\right)\right|}{\left(\pi + \frac{\alpha}{2}C_2\right)^2 - \frac{C_2^2}{4}\frac{(n^2-1)^2}{(n^2+1)^2n^2}\sin^2 n\alpha} \quad (4-28)$$

由式(4-25)、式(4-26)知,C_1、C_2 仅与缺陷块在母线方向上的位置有关,与圆柱壳具体参数无关。因此,由式(4-28)决定的 σ_m 与壳体具体参数无关,只与缺陷块的大小、位置和缺陷本身有关。这样由表 4-4 得到的 σ_m 值实际上是如图 2-10(a)结构形式圆柱壳的固有特性,它基本上不受圆柱壳具体参数的影响。

在等壁厚下,式(4-20)可写成

$$\omega^2 = \omega_0^2 \frac{\pi + \frac{\alpha}{2}H_1\left(\frac{E_ah_a^3}{Eh^3}-1\right)}{\pi + \frac{\alpha}{2}H_2\left(\frac{\rho_ah_a}{\rho h}-1\right) + q_aH_3\left(\frac{\rho_ah_a}{\rho h}-1\right)} \quad (4-29)$$

$$H_1 = \frac{\int_{\varphi_a}^{\varphi_b}f_1(n,\varphi)\mathrm{d}\varphi}{\int_{\varphi_0}^{\varphi_F}f_1(n,\varphi)\mathrm{d}\varphi} \quad (4-30)$$

$$H_2 = \frac{\int_{\varphi_a}^{\varphi_b} f_7(n,\varphi)\,d\varphi}{\int_{\varphi_0}^{\varphi_F} f_7(n,\varphi)\,d\varphi} \qquad (4-31)$$

$$H_3 = \frac{\int_{\varphi_a}^{\varphi_b} f_a(n,\varphi)\,d\varphi}{\int_{\varphi_0}^{\varphi_F} f_7(n,\varphi)\,d\varphi} \qquad (4-32)$$

$$\omega_0^2 = \frac{Eh^2}{\rho(1+\mu)R^4}\frac{\int_{\varphi_0}^{\varphi_F} f_1(n,\varphi)\,d\varphi}{\int_{\varphi_0}^{\varphi_F} f_7(n,\varphi)\,d\varphi}$$

同式(2-109)。

由式(4-29)便可以推得半球壳谐振频率变化率的最大值：

$$\sigma_m = \frac{\left|\left[\pi+\frac{\alpha}{2}H_1\left(\frac{E_a h_a^3}{Eh^3}-1\right)\right]\frac{\sin n\alpha}{2n}H_3\left(\frac{\rho_a h_a}{\rho h}-1\right)\right|}{\left[\pi+\frac{\alpha}{2}H_2\left(\frac{\rho_a h_a}{\rho h}-1\right)\right]^2-\left[\frac{\sin n\alpha}{2n}H_3\left(\frac{\rho_a h_a}{\rho h}-1\right)\right]^2} \qquad (4-33)$$

从上面的分析可知，式(4-33)决定的 σ_m 除了半球壳的顶端角 φ_F 和底顶角 φ_0 外，与其他具体参数无关。而实际应用的半球壳，φ_0 很小，φ_F 接近于 90°，因此，由表4-8得到的 σ_m 值实际上是如图2-9结构形式半球壳的固有特性，它基本上不受半球壳具体参数的影响。

表4-9给出了由表4-4和表4-8得到的圆柱壳的 σ_m 与半球壳的 σ_m 比值CH。

表4-9　圆柱壳、半球壳谐振频率变化率的比值CH($n=2$)

缺陷量	$\alpha/(°)$ 母线方向位置	上	中	下	全
E	5	2.92×10^1	7.58×10^1	1.74×10^1	9.67×10^1
	15	2.89×10^1	7.53×10^1	2.70×10^1	9.53×10^1
	30	2.64×10^1	6.65×10^1	2.65×10^1	8.61×10^1
	45	1.87×10^1	4.70×10^1	1.39×10^1	6.10×10^1

（续）

缺陷量	母线方向位置 $\alpha/(°)$	上	中	下	全
ρ	5	2.15×10^{-1}	1.13	2.49×10^{1}	8.40×10^{-1}
	15	2.15×10^{-1}	1.13	2.05×10^{1}	8.36×10^{-1}
	30	2.15×10^{-1}	1.13	2.12×10^{1}	8.38×10^{-1}
	45	2.15×10^{-1}	1.13	2.17×10^{1}	8.37×10^{-1}
h	5	8.30×10^{-1}	3.84	5.22	2.99
	15	9.30×10^{-1}	3.97	4.69	2.97
	30	8.32×10^{-1}	3.83	4.41	2.98
	45	8.30×10^{-1}	3.83	4.52	2.98

由表4-4、表4-8和表4-9可知：

（1）E_a 对半球壳的影响远小于对圆柱壳的影响；

（2）在壳体中部，ρ_a 对半球壳和圆柱壳的影响程度基本一样，而在壳体的其他部位，ρ_a 对半球壳的影响要比对圆柱壳的影响大得多；

（3）在壳体顶端，h_a 对半球壳和圆柱壳的影响程度基本一样，而在壳体的其他部位，h_a 对半球壳的影响要比对圆柱壳的影响小得多。

综上所述可知：如果轴对称壳谐振子在环向振型相对壳体有大范围的移动时，则仅从稳定其谐振频率考虑，选半球壳比圆柱壳好。

由式（4-25）、式（4-26）、式（4-28），并考虑到 $|E_a/E-1| \ll 1$，$|\rho_a/\rho-1| \ll 1$，$|h_a/h-1| \ll 1$，可得到 E_a、ρ_a、h_a 单独变化时，圆柱壳的 σ_m 值，分别为

$$\sigma_m(E) = \frac{\sin n\alpha (L_b^2 - L_a^2)}{2n\pi L^2} \left| \frac{E_a}{E} - 1 \right| \qquad (4-34)$$

$$\sigma_m(\rho) = \frac{(n^2-1)\sin n\alpha (L_b^2 - L_a^2)}{2n(n^2+1)\pi L^2} \left| \frac{\rho_a}{\rho} - 1 \right| \qquad (4-35)$$

$$\sigma_m(h) = \frac{\sin n\alpha \left(3 - \dfrac{n^2-1}{n^2+1}\right)(L_b^2 - L_a^2)}{2n\pi L^2} \left| \frac{h_a}{h} - 1 \right| \qquad (4-36)$$

由式(4-29)~式(4-33),并考虑到 $|E_a/E-1|\ll1$, $|\rho_a/\rho-1|\ll1$, $|h_a/h-1|\ll1$,可得到 E_a、ρ_a、h_a 单独变化时,半球壳的 σ_m 值,分别为

$$\sigma_m(E) = 0 \qquad (4-37)$$

$$\sigma_m(\rho) = \frac{\sin n\alpha H_3}{2n\pi}\left|\frac{\rho_a}{\rho}-1\right| \qquad (4-38)$$

$$\sigma_m(h) = \frac{\sin n\alpha H_3}{2n\pi}\left|\frac{h_a}{h}-1\right| \qquad (4-39)$$

式(4-37)正说明了 E_a 引起的谐振频率变化与环向振型的分布无关。

值得指出:表4-8中 $\sigma_m(E)\neq0$,是因为表中的 $\sigma_m(E)$ 值由式(4-23)计算得到的。

由式(4-38)、式(4-39)知:ρ_a、h_a 引起谐振频率的变化程度相同,这与表4-8得到的数值分析相吻合。

另外,诸 σ_m 与 $\sin n\alpha$ 成正比,因此,α 较小时,σ_m 与 α 成正比,与前面的结论一致。

为考察上面分析的有效性,表4-10给出了圆柱壳 $L_a=0$,$L_b=L$,由式(4-34)~式(4-36)计算的 $\sigma_m(E)$、$\sigma_m(\rho)$、$\sigma_m(h)$($E_a/E=1.1$,$\rho_a/\rho=1.1$,$h_a=1.1h=$ 常数)。表4-11给出了表4-10中的值相对表4-4中相应的 σ_m 值的误差。

表4-10 式(4-34)~式(4-36)计算的 σ_m 值($n=2$)

$\alpha/(°)$ 缺陷量	E	ρ	h
5	1.38×10^{-3}	8.29×10^{-4}	3.32×10^{-3}
15	3.98×10^{-3}	2.39×10^{-3}	9.55×10^{-3}
30	6.89×10^{-3}	4.13×10^{-3}	1.65×10^{-3}
45	7.96×10^{-3}	4.77×10^{-3}	1.91×10^{-2}

当 (L_b-L_a) 增加时,由式(4-34)~式(4-36)计算的 σ_m 和理论上的 σ_m 相比误差增大,一般不超过20%(详见表4-11)。同样由式(4-37)~式(4-39)计算半球壳的 σ_m 和理论上的 σ_m 相比,误差也不会太大。

表 4 – 11　式(4 – 34) ~ 式(4 – 36) 计算的 σ_m 值的误差 ($n = 2$)

缺陷量 $\alpha/(°)$	E	ρ	h
5	19.8%	0.95%	11.4%
15	20.1%	0.80%	11.1%
30	20.5%	0.88%	11.4%
45	19.5%	0.83%	11.4%

通过上面的分析：一方面，可以根据式(4 – 34) ~ 式(4 – 36)来决定由 E、ρ、h 可能引起的误差对圆柱壳谐振频率的影响程度，由式(4 – 37) ~ 式(4 – 39)来决定由 E、ρ、h 可能引起的误差对半球壳谐振频率的影响程度；另一方面，如将上面诸式改写成如下形式：

对圆柱壳：

$$\left| \frac{E_a}{E} - 1 \right| \leqslant \frac{2\sigma_m(E)n\pi L^2}{\sin n\alpha(L_b^2 - L_a^2)} \tag{4 – 40}$$

$$\left| \frac{\rho_a}{\rho} - 1 \right| \leqslant \frac{2\sigma_m(\rho)(n^2 + 1)n\pi L^2}{(n^2 - 1)\sin n\alpha(L_b^2 - L_a^2)} \tag{4 – 41}$$

$$\left| \frac{h_a}{h} - 1 \right| \leqslant \frac{2\sigma_m(h)n\pi L^2}{\left(3 - \dfrac{n^2 - 1}{n^2 + 1}\right)\sin n\alpha(L_b^2 - L_a^2)} \tag{4 – 42}$$

对半球壳：

$$\left| \frac{\rho_a}{\rho} - 1 \right| \leqslant \frac{2n\sigma_m(\rho)}{\sin n\alpha H_3} \tag{4 – 43}$$

$$\left| \frac{h_a}{h} - 1 \right| \leqslant \frac{2n\sigma_m(h)}{\sin n\alpha H_3} \tag{4 – 44}$$

利用式(4 – 40) ~ 式(4 – 44)，在给定谐振频率变化率最大值 σ_m 的情况下，便可以确定相应壳体的 E、ρ、h 缺陷所允许的范围。

▶4.3　第一类缺陷谐振子环向振型的进动特性

◁ 4.3.1　动力学方程

图 4 – 4 给出了缺陷块及振型在环向的示意图，这时可以把振型的偏移角

ψ 看成是振型在环向的进动角。

利用第 2 章和第 3 章的有关关系可以推导得到

$$T(\Omega_x, P) = n^2 P^2 \rho \pi \int_0^L A(x) r(x) h(x)\,\mathrm{d}x + 2nP\rho\pi\Omega_x \int_0^L B(x) r(x) h(x)\,\mathrm{d}x +$$

$$n^2 P^2 \rho_a \int_{L_a}^{L_b} \left[\frac{\alpha}{2} A(x) + q_a A_1(x) \right] r_a(x) h_a(x)\,\mathrm{d}x +$$

$$2nP\rho_a\Omega_x \int_{L_a}^{L_b} \left[\frac{\alpha}{2} B(x) + q_a B_1(x) \right] r_a(x) h_a(x)\,\mathrm{d}x -$$

$$n^2 P^2 \rho \int_{L_a}^{L_b} \left[\frac{\alpha}{2} A(x) + q_a A_1(x) \right] r(x) h(x)\,\mathrm{d}x -$$

$$2nP\rho_a\Omega_x \int_{L_a}^{L_b} \left[\frac{\alpha}{2} B(x) + q_a B_1(x) \right] r(x) h(x)\,\mathrm{d}x \qquad (4-45)$$

$$A_1(x) = u(x)\delta u - v(x)\delta v + w(x)\delta w \qquad (4-46)$$

$$A(x) = u(x)\delta u + v(x)\delta v + w(x)\delta w \qquad (4-47)$$

$$B_1(x) = \cos\varphi(x)(-v(x)\delta u + u(x)\delta v) +$$
$$\sin\varphi(x)(-v(x)\delta w + w(x)\delta v) \qquad (4-48)$$

$$B(x) = \cos\varphi(x)(v(x)\delta u + u(x)\delta v) +$$
$$\sin\varphi(x)(v(x)\delta w + w(x)\delta v) \qquad (4-49)$$

$$T(\Omega_{yz}, P) = -2nP\rho_a\Omega_{yz} \int_{L_a}^{L_b} D(x) r_a(x) h_a(x)\,\mathrm{d}x +$$

$$2nP\rho\Omega_{yz} \int_{L_a}^{L_b} D(x) r(x) h(x)\,\mathrm{d}x \qquad (4-50)$$

$$D(x) = -\left[C_1 w(x) + C_2\sin\varphi v(x) \right]\delta u + C_3\left[w(x)\cos\varphi -$$
$$u(x)\sin\varphi \right]\delta v + \left[C_1 u(x) + C_2\cos\varphi v(x) \right]\delta w \qquad (4-51)$$

$$\begin{cases} C_1 = \dfrac{1}{2}\left\{ \dfrac{1}{2n-1}\cos\left[(2n-1)\psi - \varepsilon\right]\sin\dfrac{(2n-1)\alpha}{2} - \right. \\ \qquad\qquad \left. \dfrac{1}{2n+1}\cos\left[(2n+1)\psi + \varepsilon\right]\sin\dfrac{(2n+1)\alpha}{2} \right\} \\[2mm] C_2 = \dfrac{1}{2}\left\{ \dfrac{1}{2n-1}\cos\left[(2n-1)\psi - \varepsilon\right]\sin\dfrac{(2n-1)\alpha}{2} - \right. \\ \qquad\qquad \left. \dfrac{1}{2n+1}\cos\left[(2n+1)\psi + \varepsilon\right]\sin\dfrac{(2n+1)\alpha}{2} \right\} + \cos(\psi + \varepsilon)\sin\dfrac{\alpha}{2} \\[2mm] C_3 = 2\cos(\psi + \varepsilon)\sin\dfrac{\alpha}{2} - C_2 \end{cases}$$

$$(4-52)$$

式(4 - 52)中的 ε 为随机量,反映转速 Ω_{yz} 在环向的取向($\varepsilon = \beta - \psi - \theta$, 详见图 2 - 3 及 2.2 节)。

根据第 3 章的有关论述,这时环向振型进动速率的方程为

$$T(\Omega_x, P) + T(\Omega_{yz}, P) = 0 \qquad (4 - 53)$$

将式(4 - 45)、式(4 - 50)代入上式,可得

$$2G_x\Omega_x + 2G_{yz}\Omega_{yz} + nPG_P = 0 \qquad (4 - 54)$$

$$G_x = \rho\pi\int_0^L B(x)r(x)h(x)\,\mathrm{d}x + \rho_a\int_{L_a}^{L_b}\Big[\frac{\alpha}{2}B(x) + q_aB_1(x)\Big]r_a(x)h_a(x)\,\mathrm{d}x -$$

$$\rho\int_{L_a}^{L_b}\Big[\frac{\alpha}{2}B(x) + q_aB_1(x)\Big]r(x)h(x)\,\mathrm{d}x \qquad (4 - 55)$$

$$G_{yz} = -\rho_a\int_{L_a}^{L_b}D(x)r_a(x)h_a(x)\,\mathrm{d}x + \rho\int_{L_a}^{L_b}D(x)r(x)h(x)\,\mathrm{d}x \qquad (4 - 56)$$

$$G_P = \rho\pi\int_0^L A(x)r(x)h(x)\,\mathrm{d}x + \rho_a\int_{L_a}^{L_b}\Big[\frac{\alpha}{2}A(x) + q_aA_1(x)\Big]r_a(x)h_a(x)\,\mathrm{d}x -$$

$$\rho\int_{L_a}^{L_b}\Big[\frac{\alpha}{2}A(x) + q_aA_1(x)\Big]r(x)h(x)\,\mathrm{d}x \qquad (4 - 57)$$

由于式(4 - 55) ~ 式(4 - 57)与 E 无关,所以壳体振型的进动特性不受 E 的影响。在等壁厚的情况下,密度和壁厚的缺陷对式(4 - 54)的影响最大,且它们影响的程度相同。

由式(4 - 56)知, G_{yz} 不恒为零,所以当 $\Omega_{yz} \neq 0$ 时,也能引起环向振型的进动。

当 $\Omega_x = 0$ 时,定义

$$K_{yz} = \frac{P}{\Omega_{yz}} \qquad (4 - 58)$$

式中: K_{yz} 为 Ω_{yz} 引起环向振型的进动因子。

K_{yz} 将引起非接触式轴对称壳谐振陀螺的测量误差,称为交叉轴影响的误差。这个误差除与 Ω_{yz} 本身有关外,还与缺陷块的大小和位置、振型在环向的分布,以及 Ω_{yz} 在环向的取向有关。对于 Ω_{yz} 引起振型在环向的进动情况,这里主要分析 K_{yz} ,其中对于 ψ 和 ε ,仅分析在 $[0°, 90°]$ 范围的情况。

当 $\Omega_{yz} = 0$ 时,也即只有绕壳体中心轴旋转时,定义

$$K_x = \frac{P}{\Omega_x} \qquad (4 - 59)$$

为了研究缺陷存在时，G_x 引起环向振型进动特性随振型在环向分布的变化情况，定义

$$\sigma_x = \frac{K_{x\max} - K_{x\min}}{K_{x0}} \qquad (4-60)$$

式中：$K_{x\max}$、$K_{x\min}$ 分别为振型在环向分布不同时，K_x 的最大值与最小值；K_{x0} 为无缺陷时的 K_x 值。

🖋 4.3.2 圆柱壳

对于如图 2-10(a)结构形式的圆柱壳，根据 4.3.1 节的论述，可仅分析 ρ_a 有缺陷的情况。由式(4-55)~式(4-57)，经推导可得

$$G_x = -n^2\rho h\left[\pi L^2 + \frac{\alpha}{2}\left(\frac{\rho_a}{\rho}-1\right)(L_b^2 - L_a^2)\right]A\delta v \qquad (4-61)$$

$$G_{yz} = (\rho_a - \rho)hr\left[(2nC_1 - C_2 + C_3)(L_b - L_a)\right]A\delta v \qquad (4-62)$$

$$G_P = \frac{1}{2}\rho hn\left[\pi(n^2+1)L^2 + \frac{\alpha}{2}\left(\frac{\rho_a}{\rho}-1\right)(n^2+1)(L_b^2 - L_a^2) + \right.$$
$$\left. q_a\left(\frac{\rho_a}{\rho}-1\right)(n^2-1)(L_b^2 - L_a^2)\right]A\delta v \qquad (4-63)$$

$\Omega_x = 0$ 时，Ω_{yz} 引起的环向振型的进动因子为

$$K_{yz} = \frac{-4\left(\frac{\rho_a}{\rho}-1\right)(2nC_1 - C_2 + C_3)(L_b - L_a)r}{n^2\left\{\pi(n^2+1)L^2 + \left[\frac{\alpha}{2}(n^2+1) + q_a(n^2-1)\right](L_b^2 - L_a^2)\left(\frac{\rho_a}{\rho}-1\right)\right\}} \qquad (4-64)$$

$\Omega_{yz} = 0$ 时，Ω_x 引起的环向振型的进动因子为

$$K_x = \frac{4\left[\pi L^2 + \frac{\alpha}{2}(L_b^2 - L_a^2)\left(\frac{\rho_a}{\rho}-1\right)\right]}{(n^2+1)\left[\pi L^2 + \frac{\alpha}{2}(L_b^2 - L_a^2)\left(\frac{\rho_a}{\rho}-1\right)\right] + q_a\frac{n^2-1}{n^2+1}(L_b^2 - L_a^2)\left(\frac{\rho_a}{\rho}-1\right)} \qquad (4-65)$$

由式(4-64)知，K_{yz} 的最大值除了与缺陷块的位置有关外，还与圆柱壳的半径、长度比 r/L 有关。

在 $|\rho_a/\rho - 1| \ll 1$ 时，有

$$(K_{yz})_{\max} \approx \frac{4\,|\rho_a/\rho - 1\,|\,(L_b - L_a)\,r C_{\max}}{(n^2 + 1)\,n^2 \pi L^2} \qquad (4-66)$$

式中

$$C_{\max} = \max(znC_1 - C_2 + C_3)$$

利用式 $(4-52)$，当 $n = 2$ 时可求得

$$C_{\max} = \frac{3}{5}\left|\sin\frac{5\alpha}{2}\right| + \frac{1}{3}\left|\sin\frac{3\alpha}{2}\right|$$

将其代入式 $(4-66)$，得

$$(K_{yz})_{\max} \approx \frac{|\rho_a/\rho - 1\,|\,(L_b - L_a)\,r}{5\pi L^2}\left(\frac{3}{5}\left|\sin\frac{5\alpha}{2}\right| + \frac{1}{3}\left|\sin\frac{3\alpha}{2}\right|\right)$$

$$(4-67)$$

当 $|\rho_a/\rho - 1\,| \ll 1$ 时，再利用式 $(4-60)$、式 $(4-65)$，经推导可得

$$\sigma_x = \frac{(n^2 - 1)\sin n\alpha}{n(n^2 + 1)\pi} \cdot \frac{L_b^2 - L_a^2}{L^2}\,|\rho_a/\rho - 1\,| \qquad (4-68)$$

由式 $(4-68)$ 可知，σ_x 与圆柱壳参数无关，仅取决于缺陷本身。而且壳体顶端的缺陷对 K_x 的影响要大于底端缺陷对 K_x 的影响。

表 $4-12$ 给出了由式 $(4-68)$ 计算 $\rho_a/\rho = 1.1$ 的 σ_x 值，表中的"上"、"中"、"下"、"全"的含义同前。

表 4-12　式(4-68)计算圆柱壳的 σ_x 值（ $n = 2$，$\rho_a/\rho = 1.1$ ）

$\alpha/(°)$　　母线方向位置	上	中	下	全
5	9.21×10^{-4}	5.53×10^{-4}	1.84×10^{-4}	1.66×10^{-3}
15	2.65×10^{-3}	1.59×10^{-3}	5.31×10^{-4}	4.77×10^{-3}
30	4.59×10^{-3}	2.76×10^{-3}	9.19×10^{-4}	8.27×10^{-3}
45	5.31×10^{-3}	3.18×10^{-3}	1.06×10^{-3}	9.55×10^{-3}

4.3.3　半球壳

对于如图 $2-9$ 结构形式的半球壳，在等壁厚且只有 ρ_a 缺陷时，经推导得

$$G_x = \rho\left\{\pi\left[\int_{\varphi_0}^{\varphi_F}(\cos\varphi - n)\sin^2\varphi\tan^n\frac{\varphi}{2}\mathrm{d}\varphi + \sin^3\varphi\tan^n\frac{\varphi}{2}\Big|_{\varphi_0}^{\varphi_F}\right] + \right.$$

$$\frac{\alpha}{2}(\rho_a - \rho)\left[\int_{\varphi_a}^{\varphi_b}(\cos\varphi - n)\sin^2\varphi\tan^n\frac{\varphi}{2}d\varphi + \sin^3\varphi\tan^n\frac{\varphi}{2}\Big|_{\varphi_a}^{\varphi_b}\right] +$$

$$q(\rho_a - \rho)\left[\int_{\varphi_a}^{\varphi_b} - \sin^2\varphi(n + \cos\varphi)\tan^n\frac{\varphi}{2}d\varphi + \sin^3\varphi\tan^n\frac{\varphi}{2}\Big|_{\varphi_a}^{\varphi_b}\right]\Big\}R^2h\delta u$$

$$(4-69)$$

$$G_{yz} = (\rho_a - \rho)\Big\{\int_{\varphi_a}^{\varphi_b}\left[(-C_1\sin\varphi + C_3\sin\varphi\cos\varphi)(n + \cos\varphi) + (C_2 + C_3)\cdot\right.$$

$$\sin^3\varphi\big]\tan^n\frac{\varphi}{2}d\varphi - (C_1 + C_2\cos\varphi)\sin^2\varphi\tan^n\frac{\varphi}{2}\Big|_{\varphi_a}^{\varphi_b}\Big\}R^2h\delta u \quad (4-70)$$

$$G_P = \Big\{\pi\rho\left[\int_{\varphi_0}^{\varphi_F}2\sin^2\varphi\tan^n\frac{\varphi}{2}d\varphi - \sin\varphi(n + \cos\varphi)\tan^n\frac{\varphi}{2}\Big|_{\varphi_0}^{\varphi_F}\right] +$$

$$\frac{\alpha}{2}(\rho_a - \rho)\left[\int_{\varphi_a}^{\varphi_b}2\sin^2\varphi\tan^n\frac{\varphi}{2}d\varphi - \sin\varphi(n + \cos\varphi)\tan^n\frac{\varphi}{2}\Big|_{\varphi_a}^{\varphi_b}\right] -$$

$$q_a(\rho_a - \rho)\sin\varphi(n + \cos\varphi)\tan^n\frac{\varphi}{2}\Big|_{\varphi_a}^{\varphi_b}\Big\}R^2h\delta u$$

$\Omega_x = 0$ 时，Ω_{yz} 引起的环向振型的进动因子为

$$K_{yz} = \frac{H_{yz}}{H_P} \quad (4-71)$$

$\Omega_{yz} = 0$ 时，Ω_x 引起的环向振型的进动因子为

$$K_x = \frac{H_x}{H_P} \quad (4-72)$$

$$H_x = -2\Big\{\pi\left[\int_{\varphi_0}^{\varphi_F}(\cos\varphi - n)\sin^2\varphi\tan^n\frac{\varphi}{2}d\varphi + \sin^3\varphi\tan^n\frac{\varphi}{2}\Big|_{\varphi_0}^{\varphi_F}\right] +$$

$$\frac{\alpha}{2}\left(\frac{\rho_a}{\rho} - 1\right)\left[\int_{\varphi_a}^{\varphi_b}(\cos\varphi - n)\sin^2\varphi\tan^n\frac{\varphi}{2}d\varphi + \sin^3\varphi\tan^n\frac{\varphi}{2}\Big|_{\varphi_a}^{\varphi_b}\right] +$$

$$q_a\left(\frac{\rho_a}{\rho} - 1\right)\left[\int_{\varphi_a}^{\varphi_b} - (n + \cos\varphi)\sin^2\varphi\tan^n\frac{\varphi}{2}d\varphi + \sin^3\varphi\tan^n\frac{\varphi}{2}\Big|_{\varphi_a}^{\varphi_b}\right]\Big\}$$

$$(4-73)$$

$$H_{yz} = -2\left(\frac{\rho_a}{\rho} - 1\right)\int_{\varphi_a}^{\varphi_b}\left[(-C_1 + C_3\cos_\varphi)\sin\varphi(n + \cos\varphi) + \right.$$

$$(C_2 + C_3)\sin^3\varphi\big]\tan^n\frac{\varphi}{2}d\varphi - (C_1 + C_2\cos\varphi)\sin^2\varphi\tan^n\frac{\varphi}{2}\Big|_{\varphi_a}^{\varphi_b}$$

$$(4-74)$$

$$H_P = n\left\{\pi\left[\int_{\varphi_0}^{\varphi_F} 2\sin^2\varphi\tan^n\frac{\varphi}{2}\mathrm{d}\varphi - \sin\varphi(n+\cos\varphi)\tan^n\frac{\varphi}{2}\Big|_{\varphi_0}^{\varphi_F}\right] + \frac{\alpha}{2}\left(\frac{\rho_a}{\rho}-1\right)\right.$$

$$\left.\int_{\varphi_a}^{\varphi_b} 2\sin^2\varphi\tan^n\frac{\varphi}{2}\mathrm{d}\varphi - \left(\frac{\alpha}{2}+q_a\right)\left(\frac{\rho_a}{\rho}-1\right)\sin\varphi(n+\cos\varphi)\tan^n\frac{\varphi}{2}\Big|_{\varphi_a}^{\varphi_b}\right\}$$

$$(4-75)$$

当 $|\rho_a/\rho-1|\ll1$ 时,利用式(4-72)~式(4-74),经推导可得

$$\sigma_x = \frac{\sin n\alpha\,|H_4+H_5|}{n}\left|\frac{\rho_a}{\rho}-1\right| \qquad (4-76)$$

$$H_4 = \frac{\displaystyle\int_{\varphi_a}^{\varphi_b} -\sin^2\varphi(n+\cos\varphi)\tan^n\frac{\varphi}{2}\mathrm{d}\varphi + \sin^3\varphi\tan^n\frac{\varphi}{2}\Big|_{\varphi_a}^{\varphi_b}}{\pi\left[\displaystyle\int_{\varphi_0}^{\varphi_F}(\cos\varphi-n)\sin^2\varphi\tan^n\frac{\varphi}{2}\mathrm{d}\varphi + \sin^3\varphi\tan^n\frac{\varphi}{2}\Big|_{\varphi_0}^{\varphi_F}\right]} \qquad (4-77)$$

$$H_5 = \frac{\sin\varphi(n+\cos\varphi)\tan^n\frac{\varphi}{2}\Big|_{\varphi_a}^{\varphi_b}}{\pi\left[\displaystyle\int_{\varphi_0}^{\varphi_F}2\sin^2\varphi\tan^n\frac{\varphi}{2}\mathrm{d}\varphi - \sin\varphi(n+\cos\varphi)\tan^n\frac{\varphi}{2}\right]_{\varphi_0}^{\varphi_F}} \qquad (4-78)$$

　　实际应用中的半球壳,φ_0 很小,φ_F 接近于 $90°$,于是,式(4-73)~式(4-75)中的 H_x、H_{yz}、H_P 和式(4-77)、式(4-78)中的 H_4、H_5 与半球壳的具体参数无关,只与半球壳自身的结构和缺陷情况有关,即 K_x、K_{yz} 和 σ_x 只与壳体自身的结构和缺陷情况有关。由于 H_x、H_{yz}、H_P、H_4、H_5 不能方便地积出,因而不能像圆柱壳那样给出 $(K_{yz})_{max}$ 和 σ_x 简单表达式。为此下面进行数值分析。

　　表4-13 给出了由式(4-71)计算的 K_{yz} 值($\alpha=15°$,$\rho_a/\rho=1.1$)。左上角有"*"者为所对应的"母线方向位置"一栏中的最大值,可近似看成相应的$(K_{yz})_{max}$,由表中看出,半球壳顶端的缺陷引起交叉轴影响的误差要比其他处缺陷引起的误差大。

　　表4-14 给出了由式(4-72)计算的 K_x 值($\rho_a/\rho=1.1$),表4-15 给出了由表4-14 计算得到的 σ_x 值。由表可知:在所研究的范围$0°\leqslant\alpha\leqslant45°$,缺陷宽度 α 增加时,σ_x 值增大。结合式(4-76)又知,σ_x 与$\sin n\alpha$($n=2$ 时为$\sin2\alpha$)成正比。半球壳顶端的缺陷引起的 K_x 变化程度大于其他处引起的变化程度。

表4-13 式(4-71)计算半球壳的 K_{yz} 值（$n=2,\alpha=15°,\rho_a/\rho=1.1$）

母线方向位置	$\varphi/(°)$ \ $\varepsilon/(°)$	0	15	30	45	60	75	90
上	0	*3.83×10^{-3}	3.79×10^{-3}	3.69×10^{-3}	3.53×10^{-3}	3.32×10^{-3}	3.08×10^{-3}	2.82×10^{-3}
	30	1.57×10^{-3}	1.47×10^{-3}	1.43×10^{-3}	1.47×10^{-3}	1.58×10^{-3}	1.85×10^{-3}	1.96×10^{-3}
	60	1.93×10^{-3}	2.15×10^{-3}	2.32×10^{-3}	2.42×10^{-3}	2.46×10^{-3}	2.43×10^{-3}	2.32×10^{-3}
	90	-4.38×10^{-10}	-2.62×10^{-4}	-5.06×10^{-4}	-7.15×10^{-4}	-8.46×10^{-4}	-9.77×10^{-4}	-1.01×10^{-3}
中	0	-8.50×10^{-4}	-7.86×10^{-4}	-5.97×10^{-4}	-2.97×10^{-4}	9.32×10^{-5}	5.48×10^{-4}	1.04×10^{-3}
	30	1.24×10^{-3}	1.47×10^{-3}	1.67×10^{-3}	1.81×10^{-3}	1.89×10^{-3}	*1.91×10^{-3}	1.85×10^{-3}
	60	-4.27×10^{-4}	-4.81×10^{-4}	-4.68×10^{-3}	-3.86×10^{-4}	-2.43×10^{-4}	-4.83×10^{-5}	1.86×10^{-4}
	90	3.71×10^{-10}	4.88×10^{-4}	9.43×10^{-4}	1.33×10^{-3}	1.63×10^{-3}	1.82×10^{-3}	1.89×10^{-3}
下	0	-1.55×10^{-3}	-1.49×10^{-3}	-1.33×10^{-3}	-1.07×10^{-3}	-7.32×10^{-4}	-3.38×10^{-4}	8.54×10^{-5}
	30	1.25×10^{-3}	1.42×10^{-3}	1.50×10^{-3}	1.48×10^{-3}	1.37×10^{-3}	1.17×10^{-3}	8.92×10^{-4}
	60	-7.75×10^{-4}	-1.05×10^{-3}	-1.25×10^{-3}	-1.37×10^{-3}	1.38×10^{-3}	-1.30×10^{-3}	1.13×10^{-3}
	90	5.07×10^{-10}	4.23×10^{-4}	8.17×10^{-4}	1.16×10^{-3}	1.42×10^{-3}	1.58×10^{-3}	*1.63×10^{-3}
全	0	*3.90×10^{-3}	3.90×10^{-3}	3.90×10^{-3}	3.90×10^{-3}	3.90×10^{-3}	3.90×10^{-3}	3.90×10^{-3}
	30	1.87×10^{-3}	1.92×10^{-3}	2.08×10^{-3}	2.33×10^{-3}	2.65×10^{-3}	3.03×10^{-3}	3.44×10^{-3}
	60	1.98×10^{-3}	2.39×10^{-3}	2.77×10^{-3}	3.09×10^{-3}	3.34×10^{-3}	3.50×10^{-3}	3.55×10^{-3}
	90	-4.34×10^{-10}	-1.83×10^{-6}	-3.53×10^{-6}	-4.99×10^{-6}	-6.11×10^{-6}	-6.82×10^{-6}	-7.06×10^{-6}

表 4 – 14　式(4 – 12)计算半球壳的 K_x 值 ($n = 2, \rho_a/\rho = 1.1$)

$\alpha/(°)$	$\psi/(°)$ 母线方向位置	上	中	下	全
5	0	0.2975896	0.2976789	0.2977703	0.2973920
	90	0.2978677	0.2978044	0.2977995	0.2978239
	180	02981466	0.2979301	0.2978287	0.2982577
15	0	0.2971573	0.2974051	0.2976667	0.2965885
	90	0.2979595	0.2977655	0.2977507	0.2978239
	180	0.2987595	0.2981272	0.2978347	0.2990745
30	0	0.2967101	0.2970853	0.2975323	0.2957025
	90	0.2980861	0.2977073	0.2976776	0.2978239
	180	0.2994809	0.2983335	0.2978231	0.2999708
45	0	0.2966315	0.2969328	0.2974368	0.2953882
	90	0.2982163	0.2976493	0.2976045	0.2978239
	180	0.2998262	0.2983713	0.2977724	0.3003189

表 4 – 15　半球壳的 σ_x 值 ($n = 2, \rho_a/\rho = 1.1$)

$\alpha/(°)$ 母线方向位置	上	中	下	全
5	1.87×10^{-3}	8.43×10^{-4}	1.96×10^{-4}	2.91×10^{-3}
15	5.38×10^{-3}	2.42×10^{-3}	5.64×10^{-4}	8.35×10^{-3}
30	9.30×10^{-3}	4.19×10^{-3}	9.76×10^{-4}	1.44×10^{-2}
45	1.07×10^{-2}	4.83×10^{-3}	1.13×10^{-3}	1.66×10^{-2}

表 4 – 16 给出直接由式(4 – 76)计算得到的 σ_x ,与表 4 – 15 比较两者很接近,误差不超过 2.5% 。

表 4 – 16　式(4 – 76)计算半球壳的 σ_x 值($n = 2$, $\rho_a/\rho = 1.1$)

α/(°) \\ 母线方向位置	上	中	下	全
5	1.88×10^{-3}	8.44×10^{-4}	1.96×10^{-4}	2.91×10^{-3}
15	5.40×10^{-3}	2.43×10^{-3}	5.65×10^{-4}	8.38×10^{-3}
30	9.35×10^{-3}	4.21×10^{-3}	9.79×10^{-4}	1.45×10^{-2}
45	1.08×10^{-2}	4.86×10^{-3}	1.13×10^{-3}	1.68×10^{-2}

4.3.4　缺陷对圆柱壳和半球壳环向振型进动特性影响的比较

综上所述,圆柱壳和半球壳的 $(K_{yz})_{max}$ 和 σ_x 都是壳体固有的结构特性。因此,当有相同缺陷时,可以比较缺陷对其振型进动特性的影响。

对于 $(K_{yz})_{max}$:

由式(4 – 64)知, K_{yz} 与 $(L_b - L_a)$ 成正比,对于圆柱壳交叉轴影响引起的误差只与缺陷块的大小有关,而与其位置无关。在 $n = 2$, $\alpha = 15°$, $r/L = 0.3$ (约为 $1^\#$ 圆柱壳的结构), $\rho_a/\rho = 1.1$,当缺陷块在母线方向位置分别为上、中、下、全时,由式(4 – 67)计算的 $(K_{yz})_{max}$ 分别为 3.14×10^{-4} 、 3.14×10^{-4} 、 3.14×10^{-4} 、 9.41×10^{-4} 。与表 4 – 13 所列的半球壳相应的 $(K_{yz})_{max}$ 相比,缺陷引起的圆柱壳交叉轴影响的误差要比半球交叉轴影响的误差小得多,特别是在壳体的顶端附近更明显。因此,从消除可能有的缺陷对谐振子引起的交叉轴影响的误差来考虑,圆柱壳要优于半球壳。同样比较圆柱壳的 σ_x 和半球壳的 σ_x 可以看出:圆柱壳优于半球壳。

综上所述:缺陷对圆柱壳环向振型进动特性的影响小于对半球壳环向振型进动特性的影响,即圆柱壳谐振陀螺的标度因子比半球谐振陀螺的标度因子稳定性高。从这一点考虑,CRG 优于 HRG。

在给定壳体缺陷的情况下,可以利用式(4 – 66) ~ 式(4 – 68)计算圆柱壳的 $(K_{yz})_{max}$ 、 σ_x 。利用式(4 – 71)分析半球壳的 K_{yz} ,式(4 – 76)计算半球壳的 σ_x ,另一方面,给定 $(K_{yz})_{max}$ 、 σ_x 可以确定缺陷所允许的范围。

对圆柱壳:

$$\left| \frac{\rho_a}{\rho} - 1 \right| \leqslant \frac{n^2(n^2 + 1)\pi L^2}{4r(L_b - L_a)C_{max}}(K_{yz})_{max} \qquad (4 – 79)$$

$$\left| \frac{\rho_a}{\rho} - 1 \right| \leqslant \frac{n^2(n^2+1)\pi}{(n^2-1)\sin n\alpha} \cdot \frac{L^2}{L_b^2 - L_a^2}\sigma_x \qquad (4-80)$$

对半球壳：

$$\left| \frac{\rho_a}{\rho} - 1 \right| \leqslant \frac{n}{\sin n\alpha |H_4 + H_5|}\sigma_x \qquad (4-81)$$

$(K_{yz})_{max}$ 确定的缺陷所允许的范围给不出确切的解析表达式,可用数值模拟。

▶ 4.4 第二类缺陷谐振子的谐振频率

前已指出,这种缺陷谐振子实际上是一个组合壳。利用有限元分析时,只需将组合壳在母线方向的连接点作为单元划分点就可以利用 2.3 节中的有关列式直接计算。

用有限元法计算这种组合壳的振型曲线如图 4-5 所示。对于壳体母线方向的振型,对球壳部分,它仍满足 L.R.C,在圆柱壳部分,只部分满足 L.R.C。因此,组合壳母线方向的振型可近似写成

$$\begin{cases} u(s) = v(s) = \begin{cases} C\sin\varphi\tan^n\dfrac{\varphi}{2} & S \in S_h \\[2mm] C\sin\varphi_F\tan^n\dfrac{\varphi_F}{2} & S \in S_c \end{cases} \\[8mm] w(s) = \begin{cases} -C(n+\cos\varphi)\tan^n\dfrac{\varphi}{2} & S \in S_h \\[2mm] -C(n+\cos\varphi_F)\tan^n\dfrac{\varphi_F}{2} & S \in S_c \end{cases} \end{cases} \qquad (4-82)$$

式中:S_h 为球壳部分母线方向坐标的定义域;S_c 为圆柱壳母线方向坐标的定义域。

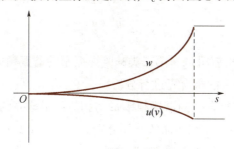

图 4-5 组合壳的振型曲线

当 φ_F 为 90° 时,式(4-82)可写成

$$
\begin{cases}
u(s) = v(s) = \begin{cases} C\sin\varphi\tan^n\dfrac{\varphi}{2} & S \in S_h \\ C & S \in S_c \end{cases} \\[4mm]
w(s) = \begin{cases} -C(n+\cos\varphi)\tan^n\dfrac{\varphi}{2} & S \in S_h \\ -nC & S \in S_c \end{cases}
\end{cases}
\tag{4-83}
$$

利用式(4-83)和 2.4 节的有关动力学关系,可以得到求解这种组合壳谐振频率的公式:

$$
\omega^2 = \frac{k}{m} \tag{4-84}
$$

式中

$$
m = \int_{\varphi_0}^{90°} Rf_7(n,\varphi)h(\varphi)\mathrm{d}\varphi + \int_0^{L_d} g_m(n,s)h(s)\mathrm{d}s
$$

$$
k = \frac{E}{(1+\mu)\rho R^4}\int_{\varphi_0}^{90°} Rf_1(n,\varphi)h^3(\varphi)\mathrm{d}\varphi + \frac{E}{(1-\mu^2)\rho R^4}
$$

$$
\int_0^{L_d}[g_{01}(n,s)R^2h(s) + g_{03}(n,s)h^3(s)]\mathrm{d}s
$$

$$
f_1(n,\varphi) = \frac{n^2(n^2-1)^2}{3\sin^3\varphi}\tan^{2n}\frac{\varphi}{2}
$$

$$
f_7(n,\varphi) = (\sin^2\varphi + 2n\cos\varphi + n^2 + 1)\tan^{2n}\frac{\varphi}{2}\sin\varphi
$$

$$
g_m(n,s) = n^2 + 2
$$

$$
g_{01}(n,s) = \frac{1-\mu}{2}n^2
$$

$$
g_{03}(n,s) = \frac{n^2(n^2-1)^2}{12}
$$

利用式(4-84),就可以对第二类缺陷谐振子的谐振频率进行计算。这里着重对 2# 半球壳构成的组合壳进行分析。

为便于分析,记组合壳的谐振频率 ω 与相应的半球壳的谐振频率 ω_0 之比为 $R(L_d)$,组合壳中半球壳两端的壁厚分别为 $T_0 = h(\varphi_0)$、$T_F = h(\varphi_F)$。组合壳中的圆柱壳的壁厚 $h(s) = T_F$ 为常数。

表 4 – 17 给出了组合壳中半球壳壁厚沿母线方向均匀变化时，(T_0,T_F) 取不同值的 $R(L_d)$ 。

表 4 – 17　(T_0,T_F) 取不同值时的 $R(L_d)$ 值（$\varphi_0 = 0°$）

(T_0,T_F)/mm ＼ L_d/mm	0	0.1	0.2	0.3	0.4	0.5	0.6	0.7	0.8	0.9	1.0
$(0.5,0,5)$ [1]	1	1.541	1.926	2.236	2.501	2.734	2.943	3.131	3.304	3.465	3.614
$(1,0,5)$ [2]	1	1.319	1.568	1.778	1.960	2.123	2.270	2.405	2.530	2.645	2.754
$(2,0,5)$ [3]	1	1.109	1.207	1.295	1.576	1.450	1.520	1.585	1.647	1.704	1.759

[1] $\omega_0 = 857.2810\text{Hz}$;

[2] $\omega_0 = 1091.838\text{Hz}$;

[3] $\omega_0 = 1729.982\text{Hz}$

由表 4 – 17 看出：组合壳的谐振率受其圆柱壳部分的影响很大，且影响程度与半球壳固有的结构有关。具体来说，当 T_0/T_F 增加，影响程度减小。

从物理意义上说，组合壳中的圆柱壳，其扭转成分很大，这是它对组合壳谐振频率影响大的主要原因。由于半球壳底端（φ_0 处）的刚度很大，当底端的壁厚增加时，相当于增加了底端的固有刚度，那么长出的圆柱壳对组合壳的影响就减弱。

由第 2 章知，半球壳的底端角 φ_0 增大时，壳体底端固有刚度减小，因此可断言，当组合壳的 φ_0 增加时，组合壳的谐振频率受圆柱壳的影响程度增加。

在实际应用中，选用图 2 – 9 结构形式的半球壳时，一定要保证是理想的半球壳，绝不能在顶沿长出圆柱壳，即使圆柱壳的长度很短。由表 4 – 17 知，当圆柱壳的长度为 0.1mm，仅相当于是半球壳半径的 0.406%，但引起的谐振频率的变化率却相当大，如对 $(T_0,T_F) = (0.5,0.5)$mm，达 54.1%，与理想半球壳的谐振频率相差很大。这当然是不希望的。因此，在实际应用中，对半球壳，一定要严格控制壳体母线方向曲率半径的加工误差范围，特别是在壳体的顶端。

综上所述，在轴对称壳谐振陀螺中不能选本章分析的第二类缺陷振子。因此，也不必研究其环向振型的进动特性。

▶4.5 PH 谐振子顶端均布小槽的数目

顶端有均布小槽的轴对称壳,其环向截面如图 4 − 6 所示,图中暗色部位 (弧度 α_2)为挖去的部分,其余(弧度 α_1)为留下的部分。共有 N 个小槽,则

$$N(\alpha_1 + \alpha_2) = 2\pi$$

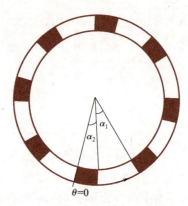

图 4 − 6 PH 谐振子环向截面图示意图

环向波数为 n 的对称振型可以写成

$$[\boldsymbol{V}] = \begin{bmatrix} \cos n(\theta + \psi) & 0 & 0 \\ & \sin n(\theta + \psi) & 0 \\ 0 & 0 & \cos n(\theta + \psi) \end{bmatrix} \begin{bmatrix} u(s) \\ v(s) \\ w(s) \end{bmatrix} e^{i\omega t}$$

$$(4 - 85)$$

$$\psi = \int_{t_0}^{t} P \mathrm{d}t$$

相应的反对称振型为

$$[\boldsymbol{V}_{\mathrm{a}}] = \begin{bmatrix} - \sin n(\theta + \psi) & 0 & 0 \\ & \cos n(\theta + \psi) & 0 \\ 0 & 0 & - \sin n(\theta + \psi) \end{bmatrix} \begin{bmatrix} u(s) \\ v(s) \\ w(s) \end{bmatrix} e^{i\omega t}$$

$$(4 - 86)$$

式中:下标 a 意为反对称。

对称振型与反对称振型的区别在于:从环向来看,环向振型的坐标原点是在振型的波腹还是波节。由图 4 − 7 给出 $\psi = 0$ 时, $n = 2$ 的环向振型来具体

说明。以法线方向振型为基准,如果以波腹点(A点)作为环向坐标的原点,称为对称振型。反之,以波节点(B点)作为环向坐标的原点,则称为反对称振型。因此,所谓对称与反对称仅是以观察环向振型而言的。当轴对称壳谐振子没有缺陷时,对称振型与反对称振型没有任何区别,但当谐振子不是理想的轴不对称壳时,应该考虑是对称振型还是反对称振型。实质上就是考虑谐振子的振型在环向的分布及取向。

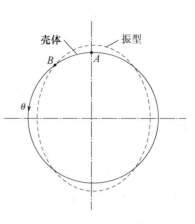

图4-7　$n = 2$环向振型

为了得到普遍性的结论,先分析任意轴对称壳。设母线方向挖小槽的范围是$s \in [L_\mathrm{d}, L]$。在环向小槽是从$\theta = 0$(图4-6)开始挖的,则在$s \in [L_\mathrm{d}, L]$范围,对于对称振型,将式(4-85)代入式(2-10),整理后得

$$U_\mathrm{d} = \frac{\mathrm{e}^{2\mathrm{i}\omega t}}{2} \int_{L_\mathrm{d}}^{L} ([\boldsymbol{L}_s][\boldsymbol{V}(s)])^\mathrm{T}[\boldsymbol{D}][\boldsymbol{Q}]([\boldsymbol{L}_s][\boldsymbol{V}(s)])r(s)h(s)\mathrm{d}s$$

$$(4-87)$$

$$[\boldsymbol{Q}] = \mathrm{diag}(q_c \quad q_c \quad q_s \quad q_c \quad q_c \quad q_s) \qquad (4-88)$$

$$q_c = \sum_{j=1}^{N} \int_{\alpha_2 + (\alpha_1 + \alpha_2)(j-1)}^{(\alpha_1 + \alpha_2)j} \cos^2 n(\theta + \psi)\mathrm{d}\theta$$

$$= \frac{\alpha_1 \pi}{\alpha_1 + \alpha_2} + \frac{\sin n\alpha_1}{2n} \sum_{j=1}^{N} \cos n[2(\alpha_1 + \alpha_2)j + 2\psi - \alpha_1] \quad (4-89)$$

$$q_s = \sum_{j=1}^{N} \int_{\alpha_2 + (\alpha_1 + \alpha_2)(j-1)}^{(\alpha_1 + \alpha_2)j} \sin^2 n(\theta + \psi)\mathrm{d}\theta$$

$$= \frac{2\alpha_1 \pi}{\alpha_1 + \alpha_2} - q_c \qquad (4-90)$$

在$s \in [L_\mathrm{d}, L]$范围,对于反对称振型,将式(4-86)代入式(2-10),整理后得

$$U_\mathrm{da} = \frac{\mathrm{e}^{2\mathrm{i}\omega t}}{2} \int_{L_\mathrm{d}}^{L} ([\boldsymbol{L}_s][\boldsymbol{V}(s)])^\mathrm{T}[\boldsymbol{D}][\boldsymbol{Q}_\mathrm{a}]([\boldsymbol{L}_s][\boldsymbol{V}(s)])r(s)h(s)\mathrm{d}s$$

$$(4-91)$$

$$[\boldsymbol{Q}_\mathrm{a}] = \mathrm{diag}(q_s \quad q_s \quad q_c \quad q_s \quad q_s \quad q_c) \qquad (4-92)$$

式(4-87)、式(4-91)中的其他诸阵同 2.2 节。

利用上述所得诸式可知：对称振型的矩阵 $[Q]$ 和反对称振型的矩阵 $[Q_a]$ 不恒等，而且它们与振型的进动角 ψ 有关。这说明当环向振型在环向分布不相同时，其弹性势能是不同的，这当然达不到在谐振子顶端挖均布小槽的目的。要使得谐振子的弹性势能在任何环向振型的分布下都相同，那么矩阵 $[Q]$ 与 $[Q_a]$ 应恒等。由式(4-88)~式(4-92)，可知必须

$$\sin n\alpha_1 = 0 \tag{4-93}$$

或

$$\sum_{j=1}^{N} \cos n[2(\alpha_1 + \alpha_2)j + 2\psi - \alpha_1] = 0 \tag{4-94}$$

要满足式(4-93)，则必须 $\alpha_1 = 0$ 或 $\alpha_1 = \dfrac{\pi}{n}$（相当于一个半波弧度），它们分别相当于挖掉了在 $s \in [L_d, L]$ 范围所有壳体或不挖一点壳体，这自然与前述要求不符。于是，只有满足式(4-94)条件才行。要使得在任意的 α_1、α_2 以及 ψ 下成立，只需满足

$$\begin{cases} N \neq 1 \\ N \neq 2n/k_1 \end{cases} \quad k_1 \text{ 为正整数} \tag{4-95}$$

这时

$$q_c = q_s = \frac{\alpha_1 \pi}{\alpha_1 + \alpha_2} = q \tag{4-96}$$

这样，根据环向振型在任意分布时，其弹性势能不变的原理可以确定挖去小槽的个数 N，即满足条件(4-96)。

类似地，在环向振型任意分布下，根据谐振子的振动惯性力的虚功不变，同样可以得到式(4-96)的条件。

而根据初始弹性势能不变，外力的虚功不变的原理，可以得到如下条件：

$$\begin{cases} N \neq 1 \\ N \neq 2 \\ N \neq (2n-2)/k_2 \\ N \neq (2n-1)/k_3 \\ N \neq 2n/k_4 \\ N \neq (2n+1)/k_5 \\ N \neq (2n+2)/k_6 \end{cases} \tag{4-97}$$

式中：$k_j(j=2,3,\cdots,6)$ 为正整数。由于条件(4-97)包含了条件(4-95)，因此，只要小槽数 N 满足式(4-97)，谐振子的振动特性就不随振型在环向分布情况而变。

如对环向波数 $n=2$ 的四波腹振动，小槽最少的个数为 $N=7$，为了更好地实现谐振子的动平衡，N 可选取得略大些。

以上的结论是从解析意义上得到的。由于环向波数为 n 的振型，在环向共有 $2n$ 个半波。因此，为了使谐振子在几何结构上取得对称，从其振动的物理意义上说，应在每一个环向半波内均有相同的结构特征。从陀螺系统组成的原理、实现检测信号的获取、维持谐振子持续激励等方面考虑，实际挖槽时，应在每一个环向半波内挖相等的小槽数 N_0，即 $N=2nN_0$。

由于 $n\geqslant 2$，当且仅当 $N_0\geqslant 2$ 时，满足条件(4-97)。即只要在每个环向半波内挖 2 个以上的小槽就能保证谐振子的动力特性不受振型在环向分布的影响。

▶4.6　PH 谐振子的谐振频率

✍4.6.1　动力学方程

当环向振型的每一个半波内挖 2 个以上小槽时，在 $s\in[L_d,L]$ 范围，谐振子的弹性势能为

$$U_d = \frac{\alpha_1\pi}{\alpha_1+\alpha_2}\cdot\frac{e^{2i\omega t}}{2}\int_{L_d}^{L}([\boldsymbol{L}_s][\boldsymbol{V}(s)])^{\mathrm{T}}[\boldsymbol{D}]([\boldsymbol{L}_s][\boldsymbol{V}(s)])r(s)h(s)\mathrm{d}s$$

$$(4-98)$$

利用式(4-85)，结合 2.2 节中的有关各式，可得

$$\delta T_d = e^{2i\omega t}\rho(\omega^2+n^2P^2)\int_{L_d}^{L}([\boldsymbol{V}(s)])^{\mathrm{T}}[\boldsymbol{Q}_m]\delta[\boldsymbol{V}(s)]r(s)h(s)\mathrm{d}s$$

$$(4-99)$$

$$[\boldsymbol{Q}_m]=\mathrm{diag}(q_c\quad q_s\quad q_c)\qquad(4-100)$$

$$q_s=q_c=q$$

即

$$\delta T_{\mathrm{d}} = \frac{\alpha_1 \pi}{\alpha_1 + \alpha_2} \mathrm{e}^{2\mathrm{i}\omega t} \rho(\omega^2 + n^2 P^2) \int_{L_{\mathrm{d}}}^{L} ([\boldsymbol{V}(s)])^{\mathrm{T}} \delta[\boldsymbol{V}(s)] r(s) h(s) \mathrm{d}s$$

$$(4-101)$$

类似地,有

$$U_{0\mathrm{d}} = -\frac{\alpha_1 \pi}{\alpha_1 + \alpha_2} \cdot \frac{\rho}{2} \mathrm{e}^{2\mathrm{i}\omega t} \int_{L_{\mathrm{d}}}^{L} \left\{ N_s^{\mathrm{ie}} ([\boldsymbol{O}_s][\boldsymbol{V}(s)])^{\mathrm{T}} ([\boldsymbol{O}_s][\boldsymbol{V}(s)])s + \right.$$

$$\left. N_{\theta}^{\mathrm{ie}} ([\boldsymbol{O}_{\theta}][\boldsymbol{V}(s)])^{\mathrm{T}} ([\boldsymbol{O}_{\theta}][\boldsymbol{V}(s)]) \right\} r(s) h(s) \mathrm{d}s \qquad (4-102)$$

$$\delta W_{\mathrm{ed}} = \frac{\alpha_1 \pi}{\alpha_1 + \alpha_2} \rho \mathrm{e}^{2\mathrm{i}\omega t} \int_{L_{\mathrm{d}}}^{L} [\boldsymbol{V}(s)]^{\mathrm{T}} \left\{ 2nP\Omega_x[\boldsymbol{O}_c^e] + \Omega_x^2[\boldsymbol{O}_x^e] + \frac{1}{2}\Omega_{yz}^2[\boldsymbol{O}_{yz}^e] \right\}$$

$$\delta[\boldsymbol{V}(s)] r(s) h(s) \mathrm{d}s \qquad (4-103)$$

式(4-101)~式(4-103)中的诸阵同 2.2 节。

对于母线方向 $s \in [0, L_{\mathrm{d}}]$ 范围的弹性势能 U_{c},初始弹性势能 $U_{0\mathrm{c}}$,以及 δT_{c}、δW_{ec} 与 2.2 节中的式(2-31)、式(2-37)、式(2-49)、式(2-45)完全相同,只是母线方向积分限从 0 到 L_{d}。这样在 $s \in [0, L]$ 范围,总弹性势能为

$$U_T = U_{\mathrm{d}} + U_{\mathrm{c}} - U_{0\mathrm{d}} - U_{0\mathrm{c}}$$

总弹性力的虚功为

$$\delta W_T = -\delta U_T = -(\delta U_{\mathrm{d}} + \delta U_{\mathrm{c}} - \delta U_{0\mathrm{d}} - \delta U_{0\mathrm{c}})$$

总振动惯性力的虚功为

$$\delta T = \delta T_{\mathrm{d}} + \delta T_{\mathrm{c}}$$

总外力的虚功为

$$\delta W_{\mathrm{e}} = \delta W_{\mathrm{ed}} + \delta W_{\mathrm{ec}}$$

于是开有均布小槽的轴对称壳的动力学方程为

$$\delta W_T + \delta W_{\mathrm{e}} + \delta T = 0 \qquad (4-104)$$

由上面的理论推导及式(4-98)、式(4-101)~式(4-104)可得如下结论和推论:

(1) 如果"轴对称壳"单纯以开有均布小槽的壳体组成($L_{\mathrm{d}} = 0$),那么当它们还能以统一的振动模态振动的话,其振动特性不受挖掉部分的影响,也即与 α_1、α_2 及 N 无关。

(2) 顶端挖均布小槽的轴对称谐振子,如果在每一个环向振型的半波内有 2 个以上的槽,其振动特性与 α_1、α_2 以及壳体母线方向所挖的深度($L - L_{\mathrm{d}}$)有关,而与所挖小槽的个数 N 无关。

（3）由于实际应用的轴对称壳总存在缺陷，所以，对周边的均布小槽应有一个反复精修的过程，直至达到谐振子在环向的任一个方向有相等的振幅。

（4）对于不同的环向波数 n，要达到挖均布小槽的目的，所挖的槽数 N 与 n 有关。不同的环向波数 n 对应的最小槽数 N 也不相同。

☑ 4.6.2　PH 谐振子的谐振频率

利用式（4-104），可以分析挖均布小槽的任意轴对称壳。下面将主要介绍由半球壳构成的 PH 谐振子。

在第 2 章，对半球壳谐振子的谐振频率用有限元法和由 L. R. C 得到的近似公式作了详细的分析计算。本章也可以用有限元法和 L. R. C 进行分析。用有限元法进行分析，在母线方向划分单元时，$\varphi = \varphi_d$ 应作为一个分点。这样有限元的有关列式可参照 2.3.3 节和上面的分析来列写。由于所挖小槽在母线方向的深度不会太大，所以用有限元法分析 PH 谐振子的振动特性时，划分单元成了比较关键的问题。如用等单元计算，势必要用很多个单元，这显然不利于计算。只能用不等单元计算，例如可以根据法线方向位移 w 作为划分单元的指标，这里不作详细研究。

用有限元法计算得到的 PH 谐振子的振型与理想半球壳的振型几乎完全一样。因此，挖小槽的谐振子不会从根本上改变其振动特性。

由于 PH 谐振子的底端 φ_0 比较小，所以用 L. R. C 进行近似解析分析，不仅直接、简洁，同时也有较高的精度。所以下面仅用近似解析法来计算。利用 2.4.3 节等关系式，可得 PH 谐振子谐振频率为

$$\omega_d^2 = \frac{1}{m}(k_0 + \Omega_x^2 k_x + \Omega_{yz}^2 k_{yz} + k_P K \Omega_x^2) - n^2 P^2 \qquad (4-105)$$

$$m = \int_{\varphi_0}^{\varphi_d} f_7(n,\varphi)h(\varphi)\mathrm{d}\varphi + \frac{\alpha_1}{\alpha_1+\alpha_2}\int_{\varphi_d}^{\varphi_F} f_7(n,\varphi)h(\varphi)\mathrm{d}\varphi$$

$$k_0 = \frac{E}{\rho(1+\mu)R^4}\Big[\int_{\varphi_0}^{\varphi_d} f_1(n,\varphi)h^3(\varphi)\mathrm{d}\varphi + \frac{\alpha_1}{\alpha_1+\alpha_2}\int_{\varphi_d}^{\varphi_F} f_1(n,\varphi)h^3(\varphi)\mathrm{d}\varphi\Big]$$

$$k_x = \int_{\varphi_0}^{\varphi_d}[f_2(n,\varphi)-f_5(n,\varphi)]h(\varphi)\mathrm{d}\varphi + \frac{\alpha_1}{\alpha_1+\alpha_2}\int_{\varphi_d}^{\varphi_F}[f_2(n,\varphi)-f_5(n,\varphi)]h(\varphi)\mathrm{d}\varphi$$

$$k_{yz} = \int_{\varphi_0}^{\varphi_d}[f_3(n,\varphi)-f_6(n,\varphi)]h(\varphi)\mathrm{d}\varphi + \frac{\alpha_1}{\alpha_1+\alpha_2}\int_{\varphi_d}^{\varphi_F}[f_3(n,\varphi)-f_6(n,\varphi)]h(\varphi)\mathrm{d}\varphi$$

$$k_P = -\int_{\varphi_0}^{\varphi_d} f_4(n,\varphi)h(\varphi)\,\mathrm{d}\varphi - \frac{\alpha_1}{\alpha_1+\alpha_2}\int_{\varphi_d}^{\varphi_F} f_4(n,\varphi)h(\varphi)\,\mathrm{d}\varphi$$

诸 $f_j(n,\varphi)(j=1,2,\cdots,7)$ 同 2.4 节。

考虑式(4-105),对 PH 谐振子来说,相当于在挖小槽部分,壳体的弹性势能、动能等进行了加权,其权为 $\alpha_1/(\alpha_1+\alpha_2)$,与在壳体环向挖去的比例有关。由于小槽是在壳体顶端挖的,根据第 2 章的有关分析知,PH 谐振子与理想的半球壳谐振子相比,谐振频率有变化,变化程度除了与权 $\alpha_1/(\alpha_1+\alpha_2)$ 有关外,与小槽的深度 $(\varphi_F-\varphi_d)$ 也有关。特别当 $\alpha_1=0$,挖掉了 φ_d 到 φ_F 的所有壳体,相当于改变了 φ_F,这时 $\varphi_F=\varphi_d$;当 $\alpha_2=0$ 时,相当于没有挖小槽, $\varphi_F=\varphi_d$。下面给出具体算例,仅计算不考虑壳体旋转的情况。

表 4-18 给出了式(4-105)计算的 PH 谐振子的谐振频率,其参数同 1# 半球壳(见表 2-14)。

表 4-18　式(4-105)计算 PH 谐振子的谐振频率
$\omega_d/\mathrm{Hz}(\varphi_0=0°,\varphi_F=90°,n=2)$

α_1/α_2　　　$\varphi_F-\varphi_d$	0	0.25	0.5	1	2	4	∞
6°	216.318	214.148	212.908	211.544	210.350	209.498	208.361
12°	229.812	221.997	218.359	214.881	212.206	210.473	208.361

表 4-19 给出了上述 PH 谐振子的谐振频率与相应的理想半球壳的谐振频率相比的变化率 σ_d。

表 4-19　PH 谐振子谐振频率的变化率 σ_d ($\varphi_0=0°$, $\varphi_F=90°$, $n=2$)

α_1/α_2　　　$\varphi_F-\varphi_d$	0	0.25	0.5	1	2	4	∞
6°	3.82%	2.78%	2.18%	1.53%	0.95%	0.55%	0
12°	10.30%	6.54%	4.80%	3.13%	1.85%	1.01%	0

由表 4-18、表 4-19 可看出:PH 谐振子的谐振频率随 φ_d 的变化规律与第 2 章研究的理想半球壳的谐振频率随顶端角 φ_F 的变化规律是一致的。只是变化程度与壳体在环向所挖去的比例 $\alpha_1/(\alpha_1+\alpha_2)$ 成正比。

由式(4-101)知:由于诸 $f_j(n,\varphi)(j=1,2,\cdots,7)$ 均只与 φ_0、φ_F 有关,而与其他具体参数无关,所以 PH 谐振子的频率变化率 σ_d 与 PH 谐振子的具体

参数无关,只与在母线方向挖的深度 $(\varphi_F - \varphi_d)$ 和权 $\alpha_1 / (\alpha_1 + \alpha_2)$ 有关。它是 PH 谐振子固有的结构特性。

4.7　PH 谐振子环向振型的进动特性

利用第 2 章、第 3 章和 4.5 节的有关分析,经推导可得 PH 谐振子环向振型进动的动力学方程为

$$2G_{dx}\Omega_x + nG_{dP}P = 0 \tag{4-106}$$

$$
G_{dx} = \left\{ \int_{\varphi_0}^{\varphi_d} (\cos\varphi - n) \sin^2\varphi \tan^n \frac{\varphi}{2} h(\varphi) d\varphi + \sin^3\varphi_d \tan^n \frac{\varphi_d}{2} h(\varphi_d) + \right.
$$
$$
\frac{\alpha_1}{\alpha_1 + \alpha_2} \left[\int_{\varphi_d}^{\varphi_F} (\cos\varphi - n) \sin^2\varphi \tan^n \frac{\varphi}{2} h(\varphi) d\varphi + \sin^3\varphi_F \tan^n \frac{\varphi_F}{2} \cdot \right.
$$
$$
\left. \left. h(\varphi_F) - \sin^3\varphi_d \tan^n \frac{\varphi_d}{2} h(\varphi_d) \right] \right\} R^2 \delta u \tag{4-107}
$$

$$
G_{dP} = \left\{ \int_{\varphi_0}^{\varphi_d} 2 \sin^2\varphi \tan^n \frac{\varphi}{2} h(\varphi) d\varphi - \sin\varphi_d (n + \cos\varphi_d) \tan^n \frac{\varphi_d}{2} h(\varphi_d) + \right.
$$
$$
\frac{\alpha_1}{\alpha_1 + \alpha_2} \left[\int_{\varphi_d}^{\varphi_F} 2 \sin^2\varphi \tan^n \frac{\varphi}{2} h(\varphi) d\varphi - \sin\varphi_F (n + \cos\varphi_F) \tan^n \frac{\varphi_F}{2} \cdot \right.
$$
$$
\left. \left. h(\varphi_F) + \sin\varphi_d (n + \cos\varphi_d) \tan^n \frac{\varphi_d}{2} h(\varphi_d) \right] \right\} R^2 \delta u \tag{4-108}
$$

由式(4-106) ~ 式(4-108)可得

$$K_d = \frac{P}{\Omega_x} = \frac{H_{dx}}{H_{dP}} \tag{4-109}$$

$$
H_{dx} = \int_{\varphi_0}^{\varphi_d} (\cos\varphi - n) \sin^2\varphi \tan^n \frac{\varphi}{2} h(\varphi) d\varphi + \sin^3\varphi_d \tan^n \frac{\varphi_d}{2} h(\varphi_d) +
$$
$$
\frac{\alpha_1}{\alpha_1 + \alpha_2} \left[\int_{\varphi_d}^{\varphi_F} (\cos\varphi - n) \sin^2\varphi \tan^n \frac{\varphi}{2} h(\varphi) d\varphi + \sin^3\varphi_F \tan^n \frac{\varphi_F}{2} \cdot \right.
$$
$$
\left. h(\varphi_F) - \sin^3\varphi_d \tan^n \frac{\varphi_d}{2} h(\varphi_d) \right] \tag{4-110}
$$

$$
H_{dP} = \int_{\varphi_0}^{\varphi_d} 2 \sin^2\varphi \tan^n \frac{\varphi}{2} h(\varphi) d\varphi - \sin\varphi_d (n + \cos\varphi_d) \tan^n \frac{\varphi_d}{2} h(\varphi_d) +
$$

$$\frac{\alpha_1}{\alpha_1 + \alpha_2}\Big[\int_{\varphi_d}^{\varphi_F} 2\sin^2\varphi \tan^n\frac{\varphi}{2}h(\varphi)\,\mathrm{d}\varphi - \sin\varphi_F(n + \cos\varphi_F)\tan^n\frac{\varphi_F}{2}\cdot$$

$$h(\varphi_F) + \sin\varphi_d(n + \cos\varphi_d)\tan^n\frac{\varphi_d}{2}h(\varphi_d)\Big] \qquad (4-111)$$

考察式(4-109)~式(4-111)可知:对 PH 谐振子来说,相当于在挖小槽的部分,壳体所具有的哥氏效应和惯性效应进行了加权,其权为 $\alpha_1/(\alpha_1 + \alpha_2)$。显然 PH 谐振子与理想的半球壳谐振子相比,其环向振型的进动因子 K_d 略有变化,变化程度与挖去的深度($\varphi_F - \varphi_d$)、权 $\alpha_1/(\alpha_1 + \alpha_2)$ 有关。特别当 $\alpha_1 = 0$ 时,挖去了从 φ_d 到 φ_F 所有的壳体。相当于改变了 φ_F,这时 $\varphi_F = \varphi_d$;当 $\alpha_2 = 0$ 时,相当于没有挖去一点壳体,$\varphi_F = \varphi_d$。根据第3章的有关分析结论可知:通常选取等壁厚的半球壳,因此下面仅分析等壁厚的 PH 谐振子环向振型的进动因子 K_d。

表4-20 给出了由式(4-109)计算得到的 PH 谐振子的进动因子 K_d 值。其中 $\varphi_0 = 0°$,$\varphi_F = 90°$。

表4-20　式(4-109)计算 PH 谐振子的 K_d 值($\varphi_0 = 0°$,$\varphi_F = 90°$,$n = 2$)

$\varphi_F - \varphi_d$ ＼ α_1/α_2	0	0.25	0.5	1	2	4	∞
6°	0.3108109	0.3080139	0.3062082	0.3040143	0.3018876	0.3002326	0.2978240
12°	0.3058145	0.3039277	0.3027618	0.3013968	0.3001247	0.2991678	0.2978240

表4-21 给出了由表4-20 中的 K_d 对理想半球壳的进动因子 K 的变化率 σ_k。

表4-21　PH 谐振子环向振型进动因子的变化率 σ_k($\varphi_0 = 0°$,$\varphi_F = 90°$,$n = 2$)

$\varphi_F - \varphi_d$ ＼ α_1/α_2	0	0.25	0.5	1	2	4	∞
6°	4.36%	3.42%	2.82%	2.08%	1.36%	0.81%	0
12°	2.68%	2.05%	1.66%	1.20%	0.77%	0.45%	0

由表4-20、表4-21 知:PH 谐振子的 φ_d 对 K_d 的影响规律与理想半球壳 φ_F 对 K 的影响相同(详见第3章对 K 的有关分析),只是影响的程度与壳体环向挖去的比例 $\alpha_2/(\alpha_1 + \alpha_2)$ 成正比。由式(4-109)~式(4-111)知:由于 H_{dx}、H_{dP} 只与 φ_0、φ_F 有关,而与半球壳的其他具体参数无关,所以 PH 谐振子

环向振型的进动因子 K_d 的变化率与 PH 谐振子具体参数无关，只与在母线方向挖的深度 $(\varphi_F - \varphi_d)$ 和权 $\alpha_2/(\alpha_1 + \alpha_2)$ 有关。它也是 PH 谐振子固有的结构特性。

4.8　轴对称壳谐振子的耦合振动

考虑到实际的轴对称壳谐振子是通过支承杆与外界连接的，因此轴对称壳谐振子在工作时一定要避免支承杆的弯曲振动，否则将使轴对称壳产生 $n=1$ 的弯曲运动，图 4-8、图 4-9 分别给出了圆柱壳谐振子和半球壳谐振子的耦合振动情况，这将破坏轴对称壳谐振子的工作状态。因此，必须讨论轴对称壳与支承杆耦合的振动特性的问题，并针对具体的圆柱壳和半球壳进行具体分析。

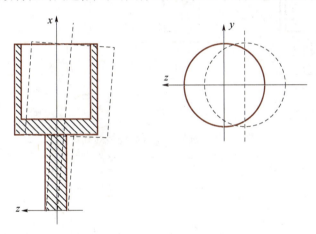

图 4-8　圆柱壳耦合振动示意图

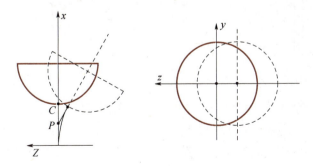

图 4-9　半球壳耦合振动示意图

✍ 4.8.1 动力学方程

实际轴对称壳通过支承杆与外界连接的方式有三种,分别称为 Y、T、Ψ 形结构,图 4 - 10、图 4 - 11 分别给出了圆柱壳和半球壳的实际结构。支承杆的半径为 R_d,伸向顶端和底端的有效长度分别为 L_t、L_b。对于圆柱壳,与图 2 - 10 相比,$h_2 = L_0$;对于半球壳,与图 2 - 18 或图 4 - 3 相比,$2R_d = d$。

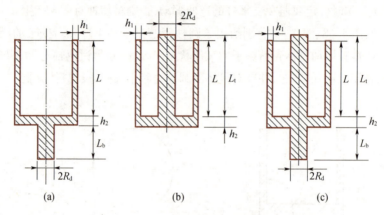

图 4 - 10　圆柱壳与外界连接的方式

(a) Y 形;(b) T 形;(c) Ψ 形。

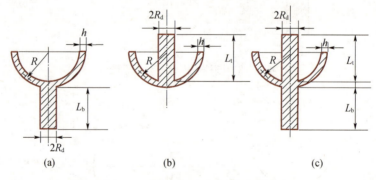

图 4 - 11　半球壳与外界连接的方式

(a) Y 形;(b) T 形;(c) Ψ 形。

支承杆的弯曲振动引起轴对称壳的二波腹($n = 1$)的耦合振动,这种耦合振动对壳体并没有产生应变,即壳体受支承杆的牵连只作刚体运动。因此,支承杆与轴对称壳的连接点的运动特征决定了壳体的运动。

图 4 - 12 为支承杆弯曲振动示意图。设 u、w 分别为杆的轴向位移和法向位移，s、z 分别为轴向坐标和法向坐标。依弯曲振动理论有

$$\begin{cases} u = -z\dfrac{\mathrm{d}w(s)}{\mathrm{d}s}\cos\omega_{\mathrm{b}}t \\ w = w(s)\cos\omega_{\mathrm{b}}t \end{cases} \tag{4 - 112}$$

式中：ω_{b} 为支承杆固有的弯曲振动频率（rad/s）。

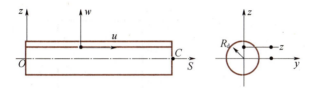

图 4 - 12　支承杆弯曲振动示意图

杆内产生的轴向应变为

$$\varepsilon_s = \frac{\partial u}{\partial s} = -\frac{\mathrm{d}^2 w}{\mathrm{d}s^2}z\cos\omega_{\mathrm{b}}t \tag{4 - 113}$$

杆的应力为

$$\sigma_s = E\varepsilon_s \tag{4 - 114}$$

杆的弹性势能为

$$\begin{aligned} U &= \frac{1}{2}\iiint_{V_1}\varepsilon_s\sigma_s\mathrm{d}V_1 = \frac{E}{2}\int_{S_L}\int_0^{2\pi}\int_0^{R_d}\left(\frac{\mathrm{d}^2 w}{\mathrm{d}s^2}\right)^2 z^2 r\mathrm{d}r\mathrm{d}\theta\mathrm{d}s\,\cos^2\omega_{\mathrm{b}}t \\ &= \frac{E}{2}\int_{S_L}\int_0^{2\pi}\int_0^{R_d}\left(\frac{\mathrm{d}^2 w}{\mathrm{d}s^2}\right)^2 r^3\sin\theta\mathrm{d}r\mathrm{d}\theta\mathrm{d}s\,\cos^2\omega_{\mathrm{b}}t \\ &= \frac{\pi E R_d^4}{8}\int_{S_L}\left(\frac{\mathrm{d}^2 w}{\mathrm{d}s^2}\right)^2\mathrm{d}s\,\cos^2\omega_{\mathrm{b}}t \end{aligned} \tag{4 - 115}$$

式中：V_1 为支承杆的积分体积；S_L 为支承杆在 s 轴上的线积分域。

杆的动能为

$$\begin{aligned} T_1 &= \frac{1}{2}\iiint_{V_1}\left[\left(\frac{\partial u}{\partial t}\right)^2 + \left(\frac{\partial w}{\partial t}\right)^2\right]\rho\mathrm{d}V_1 \\ &= \frac{\pi\rho R_d^2\omega_{\mathrm{b}}^2}{2}\int_{S_L}\left[w^2(s) + \frac{R_d^2}{4}\left(\frac{\mathrm{d}w(s)}{\mathrm{d}s}\right)^2\right]\mathrm{d}s\,\sin^2\omega_{\mathrm{b}}t \end{aligned} \tag{4 - 116}$$

下面分别针对圆柱壳和半球壳,建立具体方程。

设杆弯曲振动的位移曲线在连接点 C 处的切线与中心轴 x 轴的交点为 P（参见图 4-9 或图 4-13），则 P 点坐标为

$$x_P = x_C - \frac{w_C}{w'_C} \qquad (4-117)$$

式中：w_C、w'_C 分别为杆在 C 点的法向位移和转角（θ_C，图中未标注）。

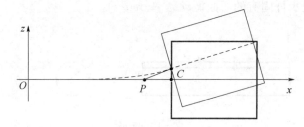

图 4-13　支承杆弯曲振动及圆柱壳运动示意图

显然,尽管 w_C、w'_C 与 $\cos\omega_b t$ 有关,但 x_P 与 t 无关。

当轴对称壳不振动时,其上任一点的位置为 (x_S, y_S, z_S),当绕 P 点转动时,上述点相应地移到了 (X_S, Y_S, Z_S),则有

$$\begin{cases} X_S = x_P + (x_S - x_P)\cos\theta_C - z_S\sin\theta_C \\ Y_S = y_S \\ Z_S = (x_S - x_P)\sin\theta_C + z_S\cos\theta_C \end{cases} \qquad (4-118)$$

$$\theta_C = w'_C = \left.\frac{\mathrm{d}w(s)}{\mathrm{d}s}\right|_{s=s_C} \cos\omega_b t$$

$$\begin{cases} \Delta x_S = X_S - x_S = (x_S - x_P)(\cos\theta - 1) - z_S\sin\theta \\ \Delta y_S = Y_S - y_S = 0 \\ \Delta z_S = Z_S - z_S = (x_S - x_P)\sin\theta - z_S(1 - \cos\theta) \end{cases} \qquad (4-119)$$

壳体上相应点的速度为

$$\begin{cases} v_x = -(x_S - x_P)\sin\theta_C\theta'_C - z_S\cos\theta_C\theta'_C \\ v_y = 0 \\ v_z = (x_S - x_P)\cos\theta_C\theta'_C - z_S\sin\theta_C\theta'_C \end{cases} \qquad (4-120)$$

考虑到 $\sin\theta_C \approx \theta_C \approx 0$，$\cos\theta \approx 1$，略去二阶小量,式(4-120)可写为

$$\begin{cases} v_x = -z_s\theta_C^t \\ v_y = 0 \\ v_z = (x_S - x_P)\theta_C^t \end{cases} \qquad (4-121)$$

$$\theta_C^t = w''_C = -\omega_b \left. \frac{\mathrm{d}w(s)}{\mathrm{d}s} \right|_{s=s_C} \sin\omega_b t$$

于是轴对称壳的动能为

$$T_2 = \frac{1}{2}\iiint\limits_{V_2}(v_x^2 + v_y^2 + v_z^2)\rho\mathrm{d}V_2 \qquad (4-122)$$

式中:V_2 为轴对称壳部分的积分体积。

基于式$(2-118)\sim$式$(2-122)$,体系的附加动能 T_2 是一个关于 w_C、w'_C 的二次型表达式,可以描述为

$$T_2 = \frac{\omega_b^2}{2}\left[S_1 w_C^2 + 2S_2 w_C w'_C + S_3 (w'_C)^2 \right] \qquad (4-123)$$

式中:S_1、S_2、S_3 完全取决于具体的轴对称壳,包括其密度、积分体积 V_2,即取决于轴对称壳的具体形式。

下面给出针对圆柱壳和半球壳的具体表达式。

对于圆柱壳,积分体积 V_2 包括厚度为 h_2 的底部圆盘和壁厚 h_1 的圆柱壳。对于图 4-10 的 Y、Ψ 形结构,经推导可得

$$T_2 = \frac{\pi\rho r\omega_b^2}{2}\{(h_2 r + 2h_1 L)w_C^2 + 2w_C w'_C h_1 rL +$$

$$\left[\frac{h_2 r^3}{4} + h_1 L\left(r^2 + \frac{2L^2}{3}\right)\right](w'_C)^2\} \qquad (4-124)$$

式中:h_1、h_2、r、L 是圆柱壳的几何结构参数(图 4-10),对于 Y、Ψ 形结构,L 分别取 L_b、$L_b + L_t$。

也即对应于式$(4-123)$中的有关系数为

$$\begin{cases} S_1 = \pi\rho r(h_2 r + 2h_1 L) \\ S_2 = +\pi\rho h_1 r^2 L^2 \\ S_3 = \pi\rho r\left[\dfrac{h_2 r^3}{4} + h_1 L\left(r^2 + \dfrac{2L^2}{3}\right)\right] \end{cases} \qquad (4-125)$$

对于图 4-10 的 T 形结构,系数 S_1、S_3 与式$(4-125)$相同,S_2 取 "-" 号。

对于半球壳,积分体积 V_2 为壁厚 h ,半径 R ,低端约束角为 $\varphi_0 = \arcsin[2R_d/(2R+h)]$ 的半球壳。

对于图 4-11 的 Y、Ψ 形结构,经推导可得

$$T_2 = \pi\rho h R^2 \omega_b^2 \left[w_C^2 + R w_C w_C' + \frac{2R^2}{3}(w_C')^2 \right] \qquad (4-126)$$

也即对应于式(4-123)中的有关系数为

$$\begin{cases} S_1 = 2\pi\rho h R^2 \\ S_2 = +\pi\rho h R^3 \\ S_3 = \dfrac{4}{3}\pi\rho h R^4 \end{cases} \qquad (4-127)$$

式中:H、R 是半球壳的壁厚和中球面半径(图 4-11)。

对于图 4-11 的 T 形结构,系数 S_1、S_3 与式(4-127)相同,S_2 取"-"号。

于是讨论轴对称壳谐振子耦合振动时,体系的总弹性势能和总动能分别为 U_1、$T_1 + T_2$ 。

下面给出轴对称壳耦合振动的有限元法求解模型。设支承杆沿轴线方向划分单元,如图 4-14 所示。设第 i 个单元由第 i 个和第 $i+1$ 个节点组成,在第 i 个单元上引入变换:$x = (s - s_i)/l - 1$,$l = 0.5(s_{i+1} - s_i)$,于是将 $s \in [s_i, s_{i+1}]$ 变换到 $x \in [-1, 1]$,位移 $w(s)$ 采用二阶 Hermite 插值,即

$$w_i(s) = X_0^2 G_2 C_2 [a_i] = X_2^0 A_2 [a_i] \qquad (4-128)$$

$$[a_i] = [w(-1) \quad w'(-1) \quad w''(-1) \quad w(+1) \quad w'(+1) \quad w''(+1)]^T$$

$$C_2 = \begin{bmatrix} 1 & 0 & 0 & 0 & 0 & 0 \\ 0 & l & 0 & 0 & 0 & 0 \\ 0 & 0 & l^2 & 0 & 0 & 0 \\ 0 & 0 & 0 & 1 & 0 & 0 \\ 0 & 0 & 0 & 0 & l & 0 \\ 0 & 0 & 0 & 0 & 0 & l^2 \end{bmatrix}_{6\times6}$$

$$A_2 = G_2 C_2$$

$$X_2^0 = \begin{bmatrix} 1 & x & x^2 & x^3 & x^4 & x^5 \end{bmatrix}$$

$$G_2 = \frac{1}{16} \begin{bmatrix} 8 & 5 & 1 & 8 & -5 & 1 \\ -15 & -7 & -1 & 15 & -7 & 1 \\ 0 & -6 & -2 & 0 & 6 & -2 \\ 10 & 10 & 2 & -10 & 10 & -2 \\ 0 & 1 & 1 & 0 & -1 & 1 \\ -3 & -3 & -1 & 3 & -3 & 1 \end{bmatrix}$$

图 4 – 14　支承杆沿轴线方向划分单元示意图

将式(4 – 128)分别代入式(4 – 115)、式(4 – 116),可得第 i 个单元对应的弹性势能和动能分别为

$$U_1^i = \frac{\pi E R_d^4}{8 l^3} \int_{-1}^{+1} [a_i]^{\mathrm{T}} A_2^{\mathrm{T}} (X_2^2)^{\mathrm{T}} X_2^2 A_2 [a_i] \mathrm{d}x \cos^2 \omega_b t \qquad (4 – 129)$$

$$T_1^i = \frac{\pi \rho R_d^2 l \omega_b^2}{2} \int_{-1}^{+1} [a_i]^{\mathrm{T}} A_2^{\mathrm{T}} \left[(X_2^0)^{\mathrm{T}} X_2^0 + \frac{R_d^2}{4 l^2} (X_2^1)^{\mathrm{T}} X_2^1 \right] A_2 [a_i] \mathrm{d}x \sin^2 \omega_b t$$

$$(4 – 130)$$

于是第 i 个单元的刚度矩阵和单元质量矩阵分别为

$$K_i = \frac{\pi E R_d^4}{4 l^3} A_2^{\mathrm{T}} \int_{-1}^{+1} (X_2^2)^{\mathrm{T}} X_2^2 \mathrm{d}x A_2 \qquad (4 – 131)$$

$$M_i = \pi \rho R_d^2 l A_2^{\mathrm{T}} \int_{-1}^{+1} \left[(X_2^0)^{\mathrm{T}} X_2^0 + \frac{R_d^2}{4 l^2} (X_2^1)^{\mathrm{T}} X_2^1 \right] \mathrm{d}x A_2 \qquad (4 – 132)$$

考虑到式(4 – 123) ~ 式(4 – 127)的动能表述只与连接点 C 的运动特征有关,故可以得到一个仅与 C 点有关的附加质量矩阵,下面分别给出圆柱壳和半球壳的附加质量矩阵。

对于图 4 – 10、图 4 – 11 中的 Y、Ψ 形结构,有

$$M_a = \begin{bmatrix} S_1 & + \dfrac{S_2}{l} & 0 \\ + \dfrac{S_2}{l} & \dfrac{S_3}{l^2} & 0 \\ 0 & 0 & 0 \end{bmatrix} \qquad (4 – 133)$$

对于图 4 – 10、图 4 – 11 中的 T 形结构,有

$$M_a = \begin{bmatrix} S_1 & -\dfrac{S_2}{l} & 0 \\[2mm] -\dfrac{S_2}{l} & \dfrac{S_3}{l^2} & 0 \\[2mm] 0 & 0 & 0 \end{bmatrix} \qquad (4-134)$$

对于圆柱壳谐振子,式(4-133)、式(4-134)中的系数 S_1、S_2、S_3 取式(4-125);对于半球壳谐振子,式(4-133)、式(4-134)中的系数 S_1、S_2、S_3 取式(4-127)。

有了单元刚度矩阵和单元质量矩阵便可以组合成整体刚度矩阵和整体质量矩阵,经边界条件(杆与外界的连接点为固支边界条件)处理就可以对 ω_b 及相应的振型求解,但在处理边界条件时,应当将 M_a 加在总质量矩阵中 C 点相应的位置上。

4.8.2 圆柱壳谐振子的耦合振动谐振频率

选择主要结构参数如表2-2所列 1# 圆柱壳谐振子作为研究对象。结合图2-10(a)和图4-10,可知: $h_2 = L_0 = 3 \times 10^{-3}$m 。

根据第2章的计算结果,1# 圆柱壳谐振子四波幅振动($n=2$)的谐振频率为 $\omega_2 = 1155$Hz。

表4-22给出了图4-10中的Y形结构谐振子的一阶弯曲振动频率 ω_b。表4-23给出了图4-10中的T形结构谐振子的一阶弯曲振动频率 ω_b。表4-24给出了图4-10的Ψ形结构谐振子的一阶弯曲振动频率 ω_b ($L_t = 85 \times 10^{-3}$m)。

比较表4-22~表4-24,可以得到如下结论:相同直径的支承杆,其隔振效果最好的是Ψ形结构,即双端支承;最差的是T形结构。因此在实用中最好选

表4-22 Y形结构圆柱壳谐振子的 ω_b /Hz

R_d / $\times 10^{-3}$m	L_b / $\times 10^{-3}$m			
	11	13	15	17
5	887	802	734	678
6	1277	1155	1057	977
7	1738	1572	1439	1329
8	2270	2053	1879	1735

表 4 – 23　T 形结构圆柱壳谐振子的 ω_b /Hz

R_d/ ×10^{-3}m	L_t/ ×10^{-3}m		R_d/ ×10^{-3}m	L_t/ ×10^{-3}m	
	11	13		11	13
5	233	227	7	447	435
6	333	323	8	576	559

表 4 – 24　Ψ 形结构圆柱壳谐振子的 ω_b /Hz($L_t = 85 \times 10^{-3}$m)

R_d/ ×10^{-3}m	L_b/ ×10^{-3}m			
	11	13	15	17
5	1125	1059	1009	969
6	1610	1516	1443	1385
7	2176	2047	1946	1868
8	2817	2650	2520	2416

用 Ψ 形结构。这时其隔振效果随 R_d 的增大而明显增强。相对而言,受杆长的影响较小。对于上述 1$^\#$ 圆柱壳谐振子,可选 $R_d \geqslant 6 \times 10^{-3}$m 时便可保证 $\omega_b > \omega_2$。

📐 4.8.3　半球壳谐振子的耦合振动谐振频率

对于熔凝石英制作的半球壳谐振子, $E = 7.6 \times 10^{10}$Pa, $\rho = 2.5 \times 10^3$kg/m^3 , $\mu = 0.17$ 。选择半球壳的结构参数: $R = 25 \times 10^{-3}$m , $h = 2 \times 10^{-3}$m 。

表 4 – 25 给出了图 4 – 11 中的 Y 形结构谐振子的一阶弯曲振动频率 ω_b 。表 4 – 26 给出了图 4 – 11 中的 T 形结构谐振子的一阶弯曲振动频率 ω_b 。表 4 – 27 给出了图 4 – 11 的 Ψ 形结构谐振子的一阶弯曲振动频率 ω_b ($L_t = 35 \times 10^{-3}$m)。

比较表 4 – 25 ~ 表 4 – 27,可以得到如下结论:相同直径的支承杆,其隔振效果最好的是 Ψ 形结构,即双端支承;最差的是 T 形结构。因此在实用中最好选用 Ψ 形结构。这时其隔振效果随 R_d 的增大而明显增强。相对而言,受杆长的影响较小。另外,由第 2 章按有限元法计算出上述结构参数的半球壳四波腹振动($n = 2$)的谐振频率 ω_2 的范围为 3513Hz ~ 3602Hz(对应于 $R_d \in [4,6] \times 10^{-3}$m ; $\varphi_0 \in [9.2°,13.9°]$,即 $R_d \geqslant 5 \times 10^{-3}$m 时便可保证 $\omega_b > \omega_2$)。

表 4-25　Y 形结构半球壳谐振子的 ω_b /Hz

R_d / $\times 10^{-3}$m	L_b/ $\times 10^{-3}$m						
	10	15	20	25	30	35	40
4	2321	1723	1290	1038	859	726	624
5	3625	2609	2012	1616	1336	1128	969
6	5216	3751	2890	2299	1915	1614	1383

表 4-26　T 形结构半球壳谐振子的 ω_b /Hz

R_d/ $\times 10^{-3}$m	L_t / $\times 10^{-3}$m		
	33	35	37
4	774	726	682
5	1205	1128	1059
6	1725	1614	1514

表 4-27　Ψ 形结构半球壳谐振子的 ω_b /Hz($L_t = 35 \times 10^{-3}$m)

R_d / $\times 10^{-3}$m	L_b/ $\times 10^{-3}$m						
	10	15	20	25	30	35	40
4	3822	3370	3112	2938	2808	2704	2617
5	5921	5209	4796	4513	4298	4123	3970
6	8437	7400	6790	6366	6038	5763	5519

4.8.4　轴对称壳谐振子耦合振动的近似解析分析

基于上述分析,Ψ 形结构轴对称壳谐振子的抗干扰能力最好,而其他两种结构的轴对称壳谐振子的抗干扰能力较低。故下面只对 Ψ 形结构的轴对称壳谐振子的耦合振动,给出近似解析分析。

对于 Ψ 形结构的轴对称壳谐振子,支承杆具有双端固支的边界条件,即:

一端固支($x = 0$),另一端($x = L$)受压缩轴向力 F ,考虑圆柱体的拉伸变形,圆柱体只产生沿 x 方向的轴向位移 $u(x)$;

当弹性杆一端($x = 0$)固支,一端($x = L$)自由时,有如下边界条件:

$$\begin{cases} s = 0, & w(s) = w'(s) = 0 \\ s = L, & w(s) = w'(s) = 0 \end{cases} \qquad (4-135)$$

利用 Rayleigh-Ritz 法,可以给出轴对称壳谐振子耦合振动沿着支承杆轴线方向的振型为

$$w(s) = s^2 (s - L)^2 \sum_{j=0}^{N} A_j s^j \qquad (4 - 136)$$

式中:A_j ($j = 0,1,2,\cdots,N$)为待定系数,其项数($N+1$)取得越多,求解的精度越高,但项数多,求解便更加困难。为此,基于所研究问题的物理意义和应用背景,谐振子耦合振动的振型可以设为

$$w(s) = s^2 (s - L)^2 (A_0 + A_1 s) \qquad (4 - 137)$$

利用式(4 - 115)、式(4 - 116)、式(4 - 123)、式(4 - 137),可以得到求解轴对称壳谐振子耦合振动最低阶耦合振动频率 ω_{b1} 的方程:

$$\omega_{b1}^2 = \frac{-B - (B^2 - 4AC)^{0.5}}{2A} \qquad (4 - 138)$$

$$A = 4(g_1 + e_1)(g_3 + e_3) - (g_2 + e_2)^2$$

$$B = 2f_2(g_2 + e_2) - 4f_1(g_3 + e_3) - 4f_3(g_1 + e_1)$$

$$C = 4f_1 f_3 - f_2^2$$

$$f_1 = \frac{12a}{35}$$

$$f_2 = f_3 = \frac{4a}{5}$$

$$g_1 = \frac{b}{231}$$

$$g_2 = g_3 = \frac{b}{630}$$

$$e_1 = S_1 d_1^2 + S_2 d_1 d_3 + S_3 d_3^2$$

$$e_2 = 2S_1 d_1 d_2 + S_2(d_2 d_3 + d_1 d_4) + 2S_3 d_3 d_4$$

$$e_3 = S_1 d_1^2 + S_2 d_2 d_4 + S_3 d_4^2$$

$$d_1 = L_b^3 L_t^2$$

$$d_2 = L_b^2 L_t^2 L$$

$$d_3 = L_b^2 L_t (3L_t - 2L_b)$$

$$d_4 = 2L_b L_t L(L_t - L_b)$$

下面给出针对 4.8.3 节中的熔凝石英制作的半球壳谐振子的算例。半球壳谐振子的有关参数同前。

表 4 - 28 给出了由式(4 - 138)计算图 4 - 11 中的 Ψ 形结构谐振子的一阶弯曲振动频率 ω_{b1} ($L_t = 35 \times 10^{-3}$ m),表 4 - 29 给出了近似解析解与相应的表 4 - 27 所列出的有限元解的相对误差。

表 4 - 28 式(4 - 138)计算得到的 Ψ 形半球壳谐振子的最低阶耦合振动频率 /Hz($L_t = 35 \times 10^{-3}$ m , $h = 2 \times 10^{-3}$ m)

R_d /$\times 10^{-3}$ m	L_b/ $\times 10^{-3}$ m						
	10	15	20	25	30	35	40
4	3559	3398	3273	3142	3022	2916	2819
5	5514	5242	5027	4808	4604	4420	4247
6	7860	7434	7094	6753	6435	6142	5858

表 4 - 29 Ψ 形半球壳谐振子最低阶耦合振动频率解析解与有限元解的相对误差/%($L_t = 35 \times 10^{-3}$ m , $h = 2 \times 10^{-3}$ m)

R_d /$\times 10^{-3}$ m	L_b/ $\times 10^{-3}$ m						
	10	15	20	25	30	35	40
4	-6.88	0.83	5.18	6.96	7.62	7.85	7.75
5	-6.86	0.63	4.82	6.53	7.12	7.21	6.97
6	-6.83	0.46	4.48	6.08	6.58	6.58	6.15

为了进一步说明近似解析解的有效性,计算另一 Ψ 形半球壳谐振子模型。取半球壳壁厚 $h = 1 \times 10^{-3}$ m ,其他结构参数同上。

表 4 - 30 给出了由式(4 - 138)计算图 4 - 11 中的 Ψ 形结构谐振子的一阶弯曲振动频率 ω_{b1} ($L_t = 35 \times 10^{-3}$ m),表 4 - 31 给出了由有限元法计算相应的 Ψ 形结构谐振子的一阶弯曲振动频率,表 4 - 32 给出了近似解析解与相应的有限元解的相对误差。

表 4 - 30 式(4 - 138)计算得到的 Ψ 形半球壳谐振子的最低阶耦合振动频率(Hz)($L_t = 35 \times 10^{-3}$ m, $h = 1 \times 10^{-3}$ m)

R_d /$\times 10^{-3}$ m	L_b/ $\times 10^{-3}$ m						
	10	15	20	25	30	35	40
4	4959	4698	4491	4282	4088	3910	3739
5	7623	7165	6797	6435	6097	5778	5466
6	10766	10031	9437	8865	8329	7818	7316

表4-31　有限元计算得到的 Ψ 形半球壳谐振子的最低阶耦合振动频率/Hz

（ $L_t = 35 \times 10^{-3}$ m，$h = 1 \times 10^{-3}$ m ）

R_d	$L_b / \times 10^{-3}$ m						
$/ \times 10^{-3}$ m	10	15	20	25	30	35	40
4	5327	4678	4311	4035	3833	3665	3517
5	8186	7155	6540	6104	5759	5464	5198
6	11547	10040	9122	8457	7919	7451	7019

表4-32　Ψ 形半球壳谐振子最低阶耦合振动频率解析解与有限元解的

相对误差/%（ $L_t = 35 \times 10^{-3}$ m，$h = 1 \times 10^{-3}$ m ）

R_d	$L_b / \times 10^{-3}$ m						
$/ \times 10^{-3}$ m	10	15	20	25	30	35	40
4	-6.91	0.43	4.19	6.13	6.66	6.69	6.31
5	-6.88	0.14	3.93	5.43	5.87	5.75	5.16
6	-6.76	-0.09	3.45	4.83	5.18	4.93	4.23

▶ 4.9　小结

本章针对实际应用的轴对称壳谐振子的振动特性进行了详细分析,包括两种典型的缺陷谐振子、顶端开有若干个均布小槽的半球壳谐振子、带有支承杆的轴对称壳,得到了一些有益的结论。

1. 对于所分析的两种缺陷谐振子

（1）所分析的两种缺陷谐振子的振动特性除了与缺陷块的大小和位置有关外,主要取决于缺陷谐振子自身的结构特性。谐振子顶端的缺陷对振动特性的影响要比底端的缺陷对振动特性的影响大得多。因此,加工谐振子时,特别应注意其顶端附近的精度。

（2）缺陷圆柱壳谐振频率的变化程度大于缺陷半球壳谐振频率的变化程度。在非接触式轴对称壳谐振陀螺中,为便于构成它的激励回路,从稳频角度出发,选半球壳要优于圆柱壳。

（3）缺陷圆柱壳环向振型进动特性的变化程度小于缺陷半球壳环向振型进动特性的变化程度。在非接触式轴对称壳谐振陀螺中,从测量精度上考虑,选用圆柱壳,要优于半球壳。

(4) 在非接触式轴对称壳谐振陀螺中,如选用半球壳谐振子时(构成 HRG),特别要注意顶端的结构形式,壳体母线方向的曲率半径应尽可能保持为常数。

2. **对于顶端开有若干个均布小槽的半球壳谐振子**

(1) 选取均布小槽数目的准则是:在环向振型的每一个半波内应挖 2 个以上的小槽。对环向波数为 n 的振型,必须挖 $2n(N_c + 1)$ 个(N_c 为正整数)。特别对 $n = 2$,最少挖 8 个小槽。当半球壳谐振子的半径 R 较小时,小槽数可以稍少些,如 16 个。当较大时,小槽数可多些,如 24、28、32 个等,但也不宜太多。

(2) PH 谐振子与理想半球壳谐振子相比,其谐振频率和环向振型进动因子的变化率与 PH 谐振子具体的参数无关,只与在壳体母线方向挖的深度($\varphi_F - \varphi_d$)和在环向所挖的比例 $\alpha_2/(\alpha_1 + \alpha_2)$ 有关。即它是 PH 谐振子的固有特性。

(3) 实际加工 PH 谐振子时,选取了所挖的槽数 N 后,选 $\alpha_1/(\alpha_1 + \alpha_2)$ 及 φ_d 的一般原则是:如果谐振子壳体加工精度很高,那么 φ_d 可以接近于 φ_F,即所挖的深度 $\varphi_F - \varphi_d$ 稍浅些,反之则可以深些。但一般来说不宜超过 10°。为了保证 PH 谐振子振动特性接近于理想的半球壳谐振子,同时为了更有效地从壳体顶端拾取信号,权 $\alpha_1/(\alpha_1 + \alpha_2)$ 应稍大些。特别在 ($\varphi_F - \varphi_d$) 较大时,$\alpha_1/(\alpha_1 + \alpha_2)$ 绝不能太小。也即在不影响 PH 谐振子达到精密的动平衡的前提下,$\alpha_1/(\alpha_1 + \alpha_2)$ 要尽可能地大,即尽可能地少挖掉壳体。

3. **对于带有支承杆的轴对称壳谐振子**

相同直径的支承杆,其隔振效果最好的是 Ψ 形结构,即双端支承;最差的是 T 型结构。因此在实用中最好选用 Ψ 形结构。这时其隔振效果随 R_d 的增大而明显增强。相对而言,受支承杆长度的影响较小。

以上结论在设计、研制半球谐振陀螺(HRG)及其他的非接触式轴对称壳谐振陀螺(如圆柱壳谐振陀螺 CRG)时,这些结论都有很大的实用价值。

第5章
轴对称壳谐振陀螺系统的实现

▶ 5.1 简 述

  轴对称壳谐振陀螺系统有两种实现方式:"接触式"和"非接触式"。

  接触式轴对称壳谐振陀螺的谐振子,通常选用等壁厚的圆柱壳(图 5 − 1 (a),同图 1 − 10(a)),非接触式轴对称壳谐振陀螺的谐振子,通常选用等壁厚

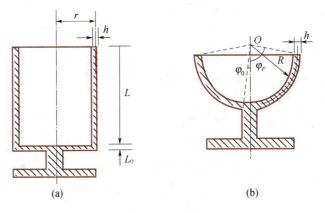

图 5 − 1　圆柱壳与半球壳谐振子

(a) 圆柱壳;(b) 半球壳。

的半球壳(图 5 – 1(b),同图 1 – 10(b))。

　　对于接触式轴对称壳谐振陀螺,本章系统论述接触式轴对称壳谐振陀螺的测量原理。对维持激励回路中锁相环节和测量回路中的阻尼环节给予必要的理论解释,并对以压电元件为激励和敏感源的试验样件进行实验研究。

　　对于非接触式轴对称壳谐振陀螺,要求谐振子处于"自由谐振"状态。实际中的谐振子振动时,总存在阻尼,因此不可能是理想的"自由谐振"。要使谐振子持续不断地振动,外界必须不断地对谐振子补充能量。当激励力等效地作用于谐振子振型的波幅上,且能量的补充与振动合拍,并使谐振子处于稳定的自激谐振状态,就可以实现"自由谐振"。当然这不是典型物理意义下的自由谐振,称为"准自由谐振状态"。本章将研究轴对称壳谐振子如何实现"准自由谐振状态",如何实现非接触式轴对称壳谐振陀螺的整体方案;并给出非接触式轴对称壳谐振陀螺中,可能出现的误差和选取轴对称壳谐振子应注意的几个原则。

▶ 5.2　接触式轴对称壳谐振陀螺的测量原理

　　对于图 5 – 1(a)所示的圆柱壳,其数学模型如图 5 – 2 所示。单位动矢量
a、b、c;位移 u、v、w 的定义同第 2 章。s_1、
s 为母线方向坐标,s_2、θ 为环向坐标。h、
r、L 分别为圆柱壳壁厚、中柱面半径、有
效长度。E、ρ、μ 分别为壳体材料的弹性
模量、密度和泊松比。

　　当圆柱壳体不旋转时,利用第 2 章
的有关关系,由 Hamilton 原理可以建立
图 5 – 2 所示圆柱壳数学模型的动力学
方程:

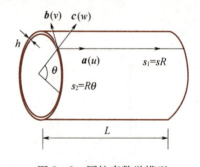

图 5 – 2　圆柱壳数学模型

$$[\boldsymbol{L}][\boldsymbol{V}] = 0 \qquad\qquad (5-1)$$

$$[\boldsymbol{V}] = \begin{bmatrix} u & v & w \end{bmatrix}^{\mathrm{T}}$$

$$[L] = \begin{bmatrix} \dfrac{\partial^2}{\partial s^2} + \dfrac{1-\mu}{2}\dfrac{\partial^2}{\partial \theta^2} - \dfrac{1}{E_0}\dfrac{\partial^2}{\partial t^2} & \dfrac{1+\mu}{2}\dfrac{\partial^2}{\partial s \partial \theta} & \mu\dfrac{\partial}{\partial s} \\[3mm] \dfrac{1-\mu}{2}\dfrac{\partial^2}{\partial s^2} + \dfrac{\partial^2}{\partial \theta^2} - \dfrac{1}{E_0}\dfrac{\partial^2}{\partial t^2} + K\left[2(1-\mu)\dfrac{\partial^2}{\partial s^2} + \dfrac{\partial^2}{\partial \theta^2}\right] & \dfrac{\partial}{\partial \theta} - K\left[\dfrac{\partial^3}{\partial \theta^3} + (2-\mu)\dfrac{\partial^3}{\partial s^2 \partial \theta}\right] \\[3mm] \text{对称} & & 1 + K\nabla^4 + \dfrac{1}{E_0}\dfrac{\partial^2}{\partial t^2} \end{bmatrix}$$

$$(5-2)$$

$$E_0 = \frac{E}{(1-\mu^2)\rho r^2}$$

$$K = \frac{h^2}{12 r^2}$$

$$\nabla^4 = \nabla^2 \cdot \nabla^2$$

$$\nabla^2 = \frac{\partial^2}{\partial s^2} + \frac{\partial^2}{\partial \theta^2}$$

对于图 5 - 1 所示结构形式的圆柱壳,根据 2.4.2 节中的式(2 - 93),其振型曲线可写为

$$\begin{cases} u = u(\theta,t)u_0 = u(\theta,t)A(s_1) \\ v = v(\theta,t)v_1 s_1 = v(\theta,t)B(s_1) \quad L \geqslant s_1 \geqslant 0 \\ w = w(\theta,t)w_1 s_1 = w(\theta,t)C(s_1) \end{cases} \quad (5-3)$$

有下列关系成立:

$$\begin{cases} \dfrac{\partial u}{\partial s_1} = 0 \\[3mm] \dfrac{\partial^2 v}{\partial s_1^{\,2}} = 0 \quad L \geqslant s_1 \geqslant 0 \\[3mm] \dfrac{\partial^2 w}{\partial s_1^{\,2}} = 0 \end{cases} \quad (5-4)$$

利用式(5 - 4)、式(5 - 1)可写成

$$[L_s][V] = 0 \quad (5-5)$$

$$[L_s] = \begin{bmatrix} \dfrac{1-\mu}{2}\dfrac{\partial^2}{\partial\theta^2} - \dfrac{1}{E_0}\dfrac{\partial^2}{\partial t^2} & \dfrac{1+\mu}{2}\dfrac{\partial^2}{\partial s\partial\theta} & \mu\dfrac{\partial}{\partial s} \\[3mm] 0 & \dfrac{\partial^2}{\partial\theta^2} - \dfrac{1}{E_0}\dfrac{\partial^2}{\partial t^2} + K\dfrac{\partial^2}{\partial\theta^2} & \dfrac{\partial}{\partial\theta} - K\dfrac{\partial^3}{\partial\theta^3} \\[3mm] 0 & \dfrac{\partial}{\partial\theta} - K\dfrac{\partial^3}{\partial\theta^3} & 1 + K\dfrac{\partial^4}{\partial\theta^4} + \dfrac{1}{E_0}\dfrac{\partial^2}{\partial\theta^2} \end{bmatrix}$$

$$(5-6)$$

由式(5-6)知:对于所考虑的弯曲振动解,只对 v 和 w 两方向的动力学方程进行讨论即可。于是,式(5-5)可以写成

$$[L_0][V_0] = 0 \qquad (5-7)$$

式中:$[L_0]$ 为 $[L_s]$ 的 2、3 行,2、3 列;$[V_0]$ 为 $[V]$ 的 2、3 行。

对于壳体环向波数为 n 的对称振型,即取

$$\begin{cases} u = A(s_1)\cos n\theta\sin\omega_n t \\ v = B(s_1)\sin n\theta\sin\omega_n t \\ w = C(s_1)\cos n\theta\sin\omega_n t \end{cases} \qquad (5-8)$$

式中:ω_n 为圆柱壳振动相应振型的谐振频率。它是壳体固有的物理特性。将式(5-8)代入式(5-7),有

$$\begin{bmatrix} \omega_n^2 - n^2 E_0(1+K) & -nE_0(1+Kn^2) \\ nE_0(1+Kn^2) & E_0(1+Kn^4) - \omega_n^2 \end{bmatrix} \begin{bmatrix} B(s_1) \\ C(s_1) \end{bmatrix} = 0 \qquad (5-9)$$

由于 $B(s_1)$、$C(s_1)$ 不同时为零,则其系数行列式为零,即

$$\omega_n^4 - \omega_n^2[1 + n^2 + Kn^2(n^2+1)]E_0 + n^2 E_0^2 K(n^2-1)^2 = 0 \qquad (5-10)$$

由于 $K \ll 1$,则弯曲振动解为

$$\omega_n^2 = \frac{KE_0 n^2 (n^2-1)^2}{n^2+1} \qquad (5-11)$$

这一结论同式(2-100)。

前已指出:"接触式"测量就是有等效的合成谐振力作用于圆柱壳谐振子的固定点上。因此,在实际振动问题中,考虑到阻尼的影响及外界等效激励的情况下,式(5-6)可以写成

$$([L_s] + [L_d])[V] = [F] \qquad (5-12)$$

$$[L_d] = \begin{bmatrix} -\beta_{uu}\dfrac{\partial}{\partial t} & \beta_{uv}\dfrac{\partial}{\partial t} & \beta_{uw}\dfrac{\partial}{\partial t} \\[3mm] \beta_{vu}\dfrac{\partial}{\partial t} & -\beta_{vv}\dfrac{\partial}{\partial t} & \beta_{vw}\dfrac{\partial}{\partial t} \\[3mm] \beta_{wu}\dfrac{\partial}{\partial t} & \beta_{wv}\dfrac{\partial}{\partial t} & \beta_{ww}\dfrac{\partial}{\partial t} \end{bmatrix} \tag{5-13}$$

$$[F] = [f_u \quad f_v \quad f_w]^{\mathrm{T}}$$

式中：$\beta_{ij}(i,j = u,v,w)$ 为等效的阻尼比系数；β_{uu}、β_{vv} 前的负号是为了与 $[L_s]$ 中 $\dfrac{\partial^2}{\partial t^2}$ 前的符号一致而加的；f_u、f_v、f_w 为在 a、b、c 三个方向上等效的外界激励力。

对于式 (5-12) 的求解十分困难，考虑到实际问题的物理意义，式 (5-12) 在时域的稳态解为

$$\begin{cases} u = A(s_1)\cos n\theta\sin\omega_v t \\ v = B(s_1)\sin n\theta\sin\omega_v t \\ w = C(s_1)\cos n\theta\sin\omega_v t \end{cases} \tag{5-14}$$

式中：ω_v 为构成激励系统时，壳体的振动频率。它不同于由式 (5-8) 确定的壳体的谐振频率 ω_n。于是可以将式 (5-12) 写成等效的时域解耦形式：

$$[L_e][V] = [F] \tag{5-15}$$

$$[L_e] = \mathrm{diag}[p \quad p \quad p]$$

$$p = \frac{\partial^2}{\partial t^2} + \frac{\omega_n}{Q}\frac{\partial}{\partial t} + \omega_n^2$$

式中：Q 为所考虑的弯曲振动的等效品质因数，它在 u、v、w 三个方向上的等效值是相同的。

式 (5-15) 在复频域的解为

$$\begin{cases} u = f_u(s)/G \\ v = f_v(s)/G \\ w = f_w(s)/G \end{cases} \tag{5-16}$$

式中：$G = s^2 + \dfrac{\omega_n}{Q}s + \omega_n^2$，$s$ 为拉氏算子。自然，式 (5-16) 在时域的稳态解的表达式为式 (5-14)。

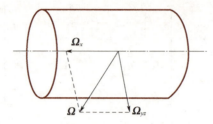

图 5 - 3　$\boldsymbol{\Omega}$ 作用图

当圆柱壳以任意角速度 $\boldsymbol{\Omega} = \boldsymbol{\Omega}_x + \boldsymbol{\Omega}_{yz}$ 旋转时(图 5 - 3),在以 $\boldsymbol{\Omega}$ 旋转的空间建立动力学方程,则需引入 $\boldsymbol{\Omega}$ 引起的惯性力。

$\boldsymbol{\Omega}$ 引起的旋转加速度 $\boldsymbol{a}(\boldsymbol{\Omega}) = \boldsymbol{a}(\boldsymbol{\Omega}_x) + \boldsymbol{a}(\boldsymbol{\Omega}_{yz})$ (详见式(2 - 20)),因此由 $\boldsymbol{a}(\boldsymbol{\Omega})$ 引起的旋转惯性力为

$$\boldsymbol{F}(\boldsymbol{\Omega}) = -\rho h \boldsymbol{a}(\boldsymbol{\Omega}) = -\rho h [\boldsymbol{a}(\boldsymbol{\Omega}_x) + \boldsymbol{a}(\boldsymbol{\Omega}_{yz})] \qquad (5-17)$$

利用图 2 - 4 和式(2 - 71)可得

$$\boldsymbol{a}(\boldsymbol{\Omega}_x) = [2w^t \Omega_x + \Omega_x^t(r+w) - v\Omega_x^2]\boldsymbol{b}$$
$$+ [-2v^t\Omega_x - v\Omega_x^t - (r+w) - \Omega_x]\boldsymbol{c} \qquad (5-18)$$

由于 $\boldsymbol{a}(\boldsymbol{\Omega}_{yz})$ 与 β 角有关,应考虑它在环向的平均效果,于是可得

$$\boldsymbol{a}(\boldsymbol{\Omega}_{yz}) = (s_1 - u)\Omega_{yz}^2 \boldsymbol{a} - \frac{1}{2}v\Omega_{yz}^2\boldsymbol{b} - \frac{1}{2}(w+r)\Omega_{yz}^2\boldsymbol{c} \qquad (5-19)$$

将式(5 - 18)、式(5 - 19)代入式(5 - 17),可得

$$\boldsymbol{F}(\boldsymbol{\Omega}) = \boldsymbol{F}_0(\boldsymbol{\Omega}) + \boldsymbol{F}_v(\boldsymbol{\Omega}) \qquad (5-20)$$

$$\boldsymbol{F}_0(\boldsymbol{\Omega}) = \rho h\left[r\left(\Omega_x^2 + \frac{1}{2}\Omega_{yz}^2\right)\boldsymbol{c} - r\Omega_x^t\boldsymbol{b} - s_1\Omega_{yz}^2\boldsymbol{a}\right] \qquad (5-21)$$

$$\boldsymbol{F}_v(\boldsymbol{\Omega}) = \rho h\left\{w\left(\Omega_x^2 + \frac{1}{2}\Omega_{yz}^2\right) + v\Omega_x^t + 2\Omega_x v^t \boldsymbol{c} + \right.$$
$$\left. \left[-2\Omega_x w^t - w\Omega_x^t + v\left(\Omega_x^2 + \frac{1}{2}\Omega_{yz}^2\right)\right]\boldsymbol{b} + u\Omega_{yz}\boldsymbol{a}\right\} \qquad (5-22)$$

$\boldsymbol{F}_0(\boldsymbol{\Omega})$ 与 u、v、w 无关,它引起壳体的初始应变,将影响壳体的谐振频率 ω_n。前已分析,在 $|\boldsymbol{\Omega}| \leqslant 400°/\mathrm{s}$ 时,对于 $1^{\#}$ 圆柱壳,ω_n 的变化率小于 10^{-6},因此这里略去 $\boldsymbol{F}_0(\boldsymbol{\Omega})$。而 $\boldsymbol{F}_v(\boldsymbol{\Omega})$ 与 u、v、w 有关,不引起初始应变。这时在 $\boldsymbol{a}$、$\boldsymbol{b}$、$\boldsymbol{c}$ 方向受等效激励力时,壳体振动的动力学方程可以写成

$$\begin{cases} \dfrac{\partial^2 u}{\partial t^2} + \dfrac{\omega_n}{Q}\dfrac{\partial u}{\partial t} + (\omega_n^2 - \Omega_{yz}^2)\,u = f_u \\[3mm] \dfrac{\partial^2 v}{\partial t^2} + \dfrac{\omega_n}{Q}\dfrac{\partial v}{\partial t} + \left(\omega_n^2 - \Omega_x^2 - \dfrac{1}{2}\Omega_{yz}^2\right)v + 2\Omega_x\dfrac{\partial w}{\partial t} + w\Omega_x^t = f_v \\[3mm] \dfrac{\partial^2 w}{\partial t^2} + \dfrac{\omega_n}{Q}\dfrac{\partial w}{\partial t} + \left(\omega_n^2 - \Omega_x^2 - \dfrac{1}{2}\Omega_{yz}^2\right)w - 2\Omega_x\dfrac{\partial v}{\partial t} - v\Omega_x^t = f_w \end{cases}$$

$$(5-23)$$

考察式(5-23)中的第一式,它仍然是解耦形式;而第二、三式相互耦合,故下面着重讨论第二、三式,即

$$\begin{cases} \dfrac{\partial^2 v}{\partial t^2} + \dfrac{\omega_n}{Q}\dfrac{\partial v}{\partial t} + \omega_0^2 v + 2\Omega_x\dfrac{\partial w}{\partial t} + w\Omega_x^t = f_v \\[3mm] \dfrac{\partial^2 w}{\partial t^2} + \dfrac{\omega_n}{Q}\dfrac{\partial w}{\partial t} + \omega_0^2 w - 2\Omega_x\dfrac{\partial v}{\partial t} - v\Omega_x^t = f_w \end{cases} \qquad (5-24)$$

$$\omega_0^2 = \omega_n^2 - \Omega_x^2 - \dfrac{1}{2}\Omega_{yz}^2 \qquad (5-25)$$

对式(5-24)求解,有

$$\begin{bmatrix} v(s) \\ w(s) \end{bmatrix} = \dfrac{1}{D} \begin{bmatrix} s^2 + \dfrac{\omega_n}{Q}s + \omega_0^2 & -2\Omega_x s - \Omega_x^t \\[3mm] 2\Omega_x s + \Omega_x^t & s^2 + \dfrac{\omega_n}{Q}s + \omega_0^2 \end{bmatrix} \begin{bmatrix} f_v(s) \\ f_w(s) \end{bmatrix} \qquad (5-26)$$

$$D = \left(s^2 + \dfrac{\omega_n}{Q}s + \omega_0^2\right)^2 + (2\Omega_x s + \Omega_x^t)^2 \qquad (5-27)$$

由于

$$\omega_n^2 \gg \Omega_x^2 + \dfrac{1}{2}\Omega_{yz}^2, \quad \omega_0^2 \gg |\Omega_x^t| \qquad (5-28)$$

因此,式(5-27),即 D 的常数项决定着壳体的谐振频率 $\omega_n(\Omega)$,则

$$\omega_n^4(\Omega) = \omega_0^4 + (\Omega_x^t)^2 \qquad (5-29)$$

利用式(5-25)、式(5-28)、式(5-29)可以得到:Ω_x、Ω_{yz}、Ω_x^t 对谐振频率 $\omega_n(\Omega)$ 产生的变化率分别为

$$\begin{cases} \alpha(\Omega_x) = \dfrac{\Omega_x^2}{2\omega_n^2} \\[3mm] \alpha(\Omega_{yz}) = \dfrac{\Omega_{yz}^2}{4\omega_n^2} \\[3mm] \alpha(\Omega_x^t) = \dfrac{(\Omega_x^t)^2}{4\omega_n^4} \end{cases} \tag{5-30}$$

上述结论与第 2 章得到的 Ω_x^2、Ω_{yz}^2 引起的谐振频率的变化率与 ω_n^2 成反比的结论是一致的。

一般情况下，$\omega_n > 1000\mathrm{Hz}$，$\Omega \leqslant 1\mathrm{Hz}$、则由式(5-30)可知：$\alpha(\Omega_x)$、$\alpha(\Omega_{yz})$ 小于 10^{-6}，由于 Ω_x^t 反映了壳体所受的惯性过载，因此也不会太大，这样 $\alpha(\Omega_x^t)$ 也很小。于是式(5-26)可写成

$$\begin{bmatrix} v(s) \\ w(s) \end{bmatrix} = \frac{1}{G^2} \begin{bmatrix} s^2 + \dfrac{\omega_n}{Q}s + \omega_n^2 & -2\Omega_x s - \Omega_x^t \\[3mm] 2\Omega_x s + \Omega_x^t & s^2 + \dfrac{\omega_n}{Q}s + \omega_n^2 \end{bmatrix} \begin{bmatrix} f_v(s) \\ f_w(s) \end{bmatrix} \tag{5-31}$$

$$G = s^2 + \frac{\omega_n}{Q}s + \omega_n^2 \tag{5-32}$$

利用式(5-15)、式(5-31)可得

$$\begin{bmatrix} v(s) \\ w(s) \end{bmatrix} = \frac{1}{G} \begin{bmatrix} s^2 + \dfrac{\omega_n}{Q}s + \omega_n^2 & -2\Omega_x s - \Omega_x^t \\[3mm] 2\Omega_x s + \Omega_x^t & s^2 + \dfrac{\omega_n}{Q}s + \omega_n^2 \end{bmatrix} \begin{bmatrix} v_0(s) \\ w_0(s) \end{bmatrix} \tag{5-33}$$

对于式(5-33)，首先分析第一式 $v(s)$，有

$$v(s) = v_0(s) - p_v(s) \tag{5-34}$$

$$p_v(s) = \frac{2\Omega_x s + \Omega_x^t}{s^2 + \dfrac{\omega_n}{Q}s + \omega_n^2} \cdot \frac{\omega_v^2}{s^2 + \omega_v^2} C(s_1)\cos n\theta = p_{vs}(s) + p_{vi}(s)$$
$$\tag{5-35}$$

式中：$p_{vs}(s)$、$p_{vi}(s)$ 分别为 $p_v(s)$ 的稳态解及瞬态解。

经推导可得

$$p_{vs}(s) = \frac{\omega_v^2(L_1 s + L_2)}{s^2 + \omega_v^2} C(s_1)\cos n\theta \tag{5-36}$$

$$p_{vi}(s) = \frac{\omega_v^2 (L_3 s + L_4)}{s^2 + \dfrac{\omega_n}{Q} s + \omega_n^2} C(s_1) \cos n\theta \tag{5-37}$$

$$\begin{cases} L_1 = \dfrac{2\Omega_x (\omega_n^2 - \omega_v^2) - \Omega_x' \omega_n / Q}{(\omega_n^2 - \omega_v^2)^2 + \omega_n^2 \omega_v^2 / Q^2} \\[4mm] L_2 = \dfrac{2\Omega_x \omega_n \omega_v^2 / Q + \Omega_x' (\omega_n^2 - \omega_v^2)}{(\omega_n^2 - \omega_v^2)^2 + \omega_n^2 \omega_v^2 / Q^2} \\[4mm] L_3 = -L_1 \\[2mm] L_4 = (\Omega_x' - L_2 \omega_n^2) / \omega_v^2 \end{cases} \tag{5-38}$$

于是在时域，$p_v(t)$ 稳态解为

$$p_{vs}(t) = \frac{2\Omega_x Q}{\omega_n} \left[\frac{1 + (\Omega_x')^2 / (4\Omega_x^2 \omega_v^2)}{1 + (\omega_n^2 - \omega_v^2)^2 Q^2 / (\omega_n^2 \omega_v^2)} \right]^{\frac{1}{2}}$$
$$\sin(\omega_v t + \varphi) C(s_1) \cos n\theta \tag{5-39}$$

$$\begin{cases} \varphi = \arctan \dfrac{2\Omega_x \omega_v}{\Omega_x'} - \varphi_1 \\[4mm] \varphi_1 = \begin{cases} \pi - \arctan \dfrac{\omega_n \omega_v}{Q(\omega_v^2 - \omega_n^2)} & \omega_v \geqslant \omega_n \\[4mm] \arctan \dfrac{\omega_n \omega_v}{Q(\omega_n^2 - \omega_v^2)} & \omega_v < \omega_n \end{cases} \end{cases} \tag{5-40}$$

根据上述分析，可以得到 v、w 两方向的稳态解为

$$\begin{cases} v_s = v_0 - K w_0 e^{i\varphi} \\ w_s = w_0 + K v_0 e^{i\varphi} \end{cases} \tag{5-41}$$

式中：i 为虚数单位。

$$K = \frac{2\Omega_x Q}{\omega_n} \left[\frac{1 + (\Omega_x')^2 / (4\Omega_x^2 \omega_v^2)}{1 + (\omega_n^2 - \omega_v^2)^2 Q^2 / (\omega_n^2 \omega_v^2)} \right]^{\frac{1}{2}} \tag{5-42}$$

$$\begin{cases} v_0 = B(s_1) \sin n\theta \sin \omega_v t \\ w_0 = C(s_1) \cos n\theta \sin \omega_v t \end{cases} \tag{5-43}$$

即

$$\begin{cases} v_s = B(s_1)\sin n\theta\sin\omega_v t - KC(s_1)\cos n\theta\sin(\omega_v t + \theta) \\ w_s = C(s_1)\cos n\theta\sin\omega_v t + KB(s_1)\sin n\theta\sin(\omega_v t + \theta) \end{cases} \quad (5-44)$$

考察式(5-42),Ω_x 在慢变情况下,$K \approx 2\Omega_x Q/\omega_n$。由式(5-23)、式(5-44)看出:在接触式轴对称壳谐振陀螺测量方案中,母线方向振型基本保持不变,环线方向和法线方向的振型在原有对称振型的基础上,由于哥氏效应产生了附加的"反对称振型"。"反对称振型"量基本上正比于 Ω_x。从动坐标系中来看,振型在环向不会产生持续的进动,只出现较小的振型偏移。其原因就是有等效的激励力作用于壳体的固定点上。

▶ 5.3 接触式轴对称壳谐振陀螺的测量系统

☑ 5.3.1 输出检测信号模型

当采用压电元件作为激励和敏感源,即将压电元件直接贴于圆柱壳谐振子顶端的表面(图5-4)。设 A 为激励点,当在环向任一点 B 检测时,由逆压电效应,激励电压 u_i 到激励元件 A 上产生的应力为

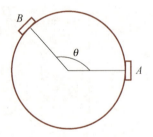

图5-4 压电激励敏感原理图

$$\begin{cases} T_1 = \dfrac{E_t}{1-\mu_t}\cdot\dfrac{u_i}{\delta}d_{31} \\ T_2 = T_1 \end{cases} \quad (5-45)$$

式中:T_1、T_2 即为圆柱壳在 A 点处受到的机械应力;E_t、μ_t、δ 分别为压电陶瓷元件的弹性模量(Pa)、泊松比和厚度(m);d_{31} 为压电元件的压电常数(C/N)。

考虑实际的圆柱壳具有完全的各向一致性,在 T_1、T_2 作用下,圆柱壳上的某一确定振型的位移 u、v、w(统记为 d)对外力的传递函数为

$$\frac{d(s)}{T_j} = \frac{k_d}{\left(\dfrac{s}{\omega_n}\right)^2 + 2\zeta\left(\dfrac{s}{\omega_n}\right) + 1} \quad (5-46)$$

式中:k_d、ω_n、ζ 分别为圆柱壳体振动模态的增益、固有频率(rad/s)和等效阻

尼比系数；s 为拉氏算子；d 分别表示 u、v、w。

于是对于壳体的 n 阶对称振型，对应于式 $(5-14)$ 可以写为

$$\begin{cases} u(s_1,\theta) = u(s_1)\cos n\theta \\ v(s_1,\theta) = v(s_1)\sin n\theta \\ w(s_1,\theta) = w(s_1)\cos n\theta \end{cases} \quad (5-47)$$

注意：θ 从 A 点算起，s_1 为轴线方向坐标。事实上，式 $(5-47)$ 描述的为式 $(5-43)$ 中的非时间项，也即圆柱壳的沿母线方向、环线方向和法线方向分布的振型。

圆柱壳以任意角速度 $\boldsymbol{\Omega} = \boldsymbol{\Omega}_x + \boldsymbol{\Omega}_{yz}$ 旋转时（图 $5-2$），圆柱壳稳定振动在时域的表达式 $(5-43)$ 的基础上变成了式 $(5-44)$。

当圆柱壳以式 $(5-44)$ 振动时，结合式 $(2-3)$ 和式 $(2-71)$ 可得到圆柱壳这时的正应变和正应力分别为

$$\begin{cases} \varepsilon_1 = \varepsilon_{s_1} = \dfrac{\partial u_s}{\partial s_1} \\ \varepsilon_2 = \varepsilon_\theta = \dfrac{\partial v_s}{r\partial\theta} + \dfrac{w_s}{r} \end{cases} \quad (5-48)$$

$$\begin{cases} \sigma_1 = \dfrac{E}{1-\mu^2}(\varepsilon_1 + \mu\varepsilon_2) \\ \sigma_2 = \dfrac{E}{1-\mu^2}(\mu\varepsilon_1 + \varepsilon_2) \end{cases} \quad (5-49)$$

σ_1、σ_2 即为拾振压电元件 B 受到的应力，由正压电效应可得

$$q_B = (\sigma_1 + \sigma_2)d_{31}A_0 = (\varepsilon_1 + \varepsilon_2)Ed_{31}A_0/(1-\mu) \quad (5-50)$$

式中：q_B 为拾振元件 B 产生的电荷量（C）；A_0 为电荷分布的面积（m^2）。

利用式 $(5-44)$ ~ 式 $(5-50)$ 可得

$$q_B = A_0 d_{31}E\cos n\theta[A^{s_1}(s_1) + (nB(s_1) + C(s_1))/r]/(1-\mu)\sin\omega_v t +$$
$$KA_0 d_{31}E\sin n\theta[nC(s_1) + B(s_1)]/[r(1-\mu)]\sin(\omega_v t + \varphi) \quad (5-51)$$

可见当在 $n\theta = (2m+1)\pi/2 (m = 0,1,\cdots)$，相当于在壳体环向振型的波节处检测时，有

$$q_B = KA_0 d_{31}E(nC(s_1) + B(s_1))/[r(1-\mu)]\sin(\omega_v t + \varphi) \quad (5-52)$$

如对 $n = 2$，即在 $\dfrac{\pi}{4}$、$\dfrac{5\pi}{4}$ 等处，可以检测到 $\boldsymbol{\Omega}_x$。

从式(5-52)可以看出：这时从 B 点检测出来的电信号与 K 成正比。前已分析过,对于圆柱壳谐振子, ω_n 受外界影响极小(见2.5节)。又在常规测量情况下, $|\Omega_x| \ll |\omega_n\Omega_x|$ 。所以理论上,这种测量方案具有良好的线性度。此外,通过鉴别 q_B 与激励信号的相位可以定出 Ω_x 的符号。因此,这种接触式轴对称壳谐振陀螺的测量方案完全可以测量出旋转角速度 Ω_x 。考虑到 K 与 Ω_x 有关,所以在 Ω_x 很小或变化很剧烈时,其测量误差增加,自然也可以采用一些修正措施,使其减少。这是采用"接触式"测量方案精度不高的重要原因之一。

5.3.2 压电信号的转换

当利用压电元件的正压电效应时,压电元件的特殊工作机制使之相当于一个静电荷发生器或电容器,如图5-5(a)所示。图中 C_0 为静电容, R_x 、 C_x 、 L_x 均为高频动态参数。因谐振子工作于低频段,又压电元件处于紧固状态,所以其等效电路可由图5-5(b)表示。因此在实际检测时,必须考虑阻抗匹配问题。即要用具有高输入阻抗的变换器,将高阻输出的 q_B 变换成低阻输出的信号。

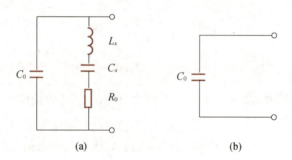

(a)　　　　　　　　　　(b)

图5-5　拾振元件等效电路

图5-6给出了一种由运放构成的电荷放大器的方案,这时有

$$\frac{u_0}{u_B} = -\frac{R_f C_i s}{R_f C_f s + 1} \qquad (5-53)$$

$$C_i = C_0 + \Delta C \qquad (5-54)$$

$$\frac{u_0}{q_B} = -\frac{R_f s}{R_f C_f s + 1} \qquad (5-55)$$

这样经电荷放大器变换电路,可将不变量 q_B 转变为低阻抗输出的电压信号 u_0 ,接下去对信号的处理便非常容易。

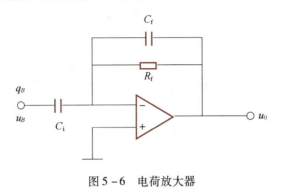

图 5 - 6　电荷放大器

5.4　阻尼环节、锁相环节在接触式轴对称壳谐振陀螺中的作用

在接触式轴对称壳谐振陀螺系统中,有两个十分重要的环节,即阻尼环节和锁相环节(见第 1 章的图 1 - 7)。

5.4.1　阻尼环节在系统中的作用

由式(5 - 37)可知:对于瞬态解 $p_{ei}(t)$,它衰减的快慢仅取决于系统等效的品质因数 Q 值。显然, Q 值增加,阻尼减小,衰减过程缓慢;反之则衰减过程加快。考虑到由式(5 - 37)已能正确地说明问题,这里就不再给出其具体的时域表达式。从测量的角度来说,要想提高系统的测量精度,应使测量频带取宽一些;另一方面,应使系统的瞬态响应很快衰减掉,则需减小系统等效的品质因数 Q 值。这可以从闭环系统来解决。这就是要在接触式轴对称壳谐振陀螺的测量回路中加入阻尼环节的重要原因。有较大的瞬态响应也是这种系统在测量快变及小信号精度不高的重要原因之一。当然在稳定的角速度测量中,瞬态响应不会影响测量精度。

5.4.2　锁相环节在系统中的作用

讨论激励回路中的锁相环节对系统检测的作用,并说明谐振子原有振动对检测结果的影响。在实际系统中,粘贴的压电元件(或采用其他检测手段)总会产生一定的位置误差。壳体振动振型总有偏差。在前述的"特殊点",即振型的波节处总有一定的原有振动,即维持谐振子振动的剩余量。于是,在波节处所检测到的信号为

$$q_{BT} = q_B + q_{B0} \qquad (5-56)$$

式中:q_{B0} 为原有振动的剩余量;q_B 为由哥氏效应引起的与 Ω_x 有关的振动量。由前面的分析可设:

$$q_{B0} = A_0 \sin\omega_v t \qquad (5-57)$$

$$q_B = A_1 K \sin(\omega_v t + \varphi) \qquad (5-58)$$

式中的 K 同式(5-42)。这样

$$q_{BT} = A_0 \sin\omega_v t + A_1 K \sin(\omega_v t + \varphi) = A \sin(\omega_v t + \varphi_0) \qquad (5-59)$$

$$A = (A_0^2 + A_1^2 K^2 + 2A_0 A_1 K \cos\varphi)^{\frac{1}{2}} \qquad (5-60)$$

$$\varphi_0 = \arcsin\left(\frac{A_1 K \sin\varphi}{A}\right) \qquad (5-61)$$

由式(5-40)知:φ 与 Ω_x、Ω_x^t、ω_v、ω_n、Q 等有关。因此,这些量变化时都将引起 φ 的变化。从式(5-60)来看:它们影响检测信号的幅值 A,即对输出的线性度及其精度有影响;从式(5-61)来看:它们影响输出信号的相位,这给输出信号相位判断带来一定的困难。

如果在激励谐振子振动的回路中加入锁相环节,则使系统振动的频率 ω_v 跟踪谐振子固有的谐振频率 ω_n,这时,式(5-40)中的 $\varphi_1 = \pi/2$。又在一般情况,$|\Omega_x^t| \ll |\Omega_x \omega_v|$,在此条件下,$\varphi \approx 0$,$K \approx 2\Omega_x Q/\omega_n$。这时检测到的信号为

$$q_{BT} = (A_0 + A_1 K)\sin\omega_v t \qquad (5-62)$$

无论从测量精度、线性度、鉴相来说都要优于前述的情形。可见在激励回路中是否加入锁相环节对系统的影响很大。

5.4.3　实验研究

以下实验内容均在圆柱壳顶端表面贴有压电陶瓷的实验样件上进行。

(1)哥氏效应的检测。实验原理如图5-7所示,图中 A 为激励点,相当于振型的波腹点;B 为相应振型的波节点。实验曲线见图5-8。下面对图

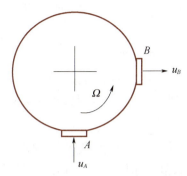

图 5 - 7　实验原理图

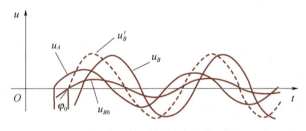

图 5 - 8　哥氏效应曲线

5 - 8 做一些必要说明。

当样件静止，即 $\Omega = 0$ 时，B 点的输出有一零位信号 u_{B0}，它与激励信号 u_A 有一相位差 φ_0。当实验样件以 $\Omega =$ 常数 $\neq 0$ 旋转后，稳态的输出为 u_B，u_B 与 u_{B0} 有一微小的相位差 φ。微调激励信号 u_A 的频率可使输出的稳态值 u'_B 与 u_{B0} 同相。这一措施相当于在闭环自激回路中加入了锁相环 K_1。

（2）不同阻尼的测量曲线。图 5 - 9 给出了测量结果的包络线，即峰值的变化曲线。u_{00} 为零位输出，u_{d1}、u_{d2} 是在相同的 $\Omega =$ 常数 $\neq 0$ 的情况

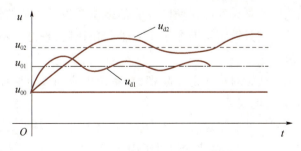

图 5 - 9　不同阻尼下的测量曲线

下得到的。u_{d1} 对应的阻尼比大于 u_{d2} 对应的阻尼比。u_{01}、u_{02} 分别为 u_{d1}、u_{d2} 的稳态值。

（3）不加锁相环的实验。未加 K_1 环节。表 5-1 给出了样件沿逆时针方向旋转时,不同转速下输出对零位输出的相移值。表 5-2 给出了不同转速下的测量值及其零位输出。"＋"表示沿逆时针方向旋转测到的,"－"表示沿顺时针方向旋转测到的。

从表 5-2 可以看出:输出的非线性度较大,原因是有较大的相移。

上述实验研究结果表明:与前面作的理论分析是吻合的,从而为理论分析提供了验证。

表 5-1 输出的相移值

$\Omega/(°/s)$	0	45	90	135	180
$\varphi/(°)$	0	1.8	3.6	5.5	8.0

表 5-2 不同转速下的输出值

$\Omega/(°/s)$		0	30	45	60	90	150	180
输出/V	＋	3.18	3.25	3.30	3.34	3.48	3.60	3.76
	－	3.18	3.11	3.09	3.04	2.94	2.86	2.82

通过上面的理论分析和实验研究,对于接触式轴对称壳谐振陀螺,可以给出以下结论:

（1）接触式轴对称壳谐振陀螺的测量原理是基于谐振子绕中心轴旋转时所产生的哥氏效应。哥氏效应仅使圆柱壳的振型产生了一定的偏移,而不会产生持续的进动。它只敏感绕谐振子中心轴的角速度,理论上不存在交叉轴影响引起的误差。

（2）这种接触式轴对称壳谐振陀螺,在系统中应加入阻尼环节和锁相环节,否则将引起较大的误差。

（3）这种类型的谐振陀螺具有:结构简单、体积小、功耗低、启动时间短的优点,并具有良好的性能价格比。但对于快变和小角速度的信号,测量会产生较大误差,适用于精度要求不高的场合。

5.5　"准自由谐振状态"的开环实现

在实际系统中,维持谐振子持续不断的振动,就必须对谐振子不断地补充能量。不论外界激励力等效地作用于谐振子的振型上,还是等效地作用于谐振子的固定点上,对某一确定的激励来说只能作用于谐振子的固定点上。当谐振子旋转时,振型相对壳体有进动。为了维持这种振动特性,"激励力"应随着振型移动。因此,单个激励力实现不了"准自由谐振状态"。而必须用多个激励力来实现。

5.5.1　单点激励

如图 5 – 10 所示,壳体环向 A 点作用着一个激励力 $F_A(t)$。A 点是环向坐标 θ 的原点时,则从环向来看,在壳体上作用着一个力为

$$\overline{F}_A(t) = F_A(t)\delta(\theta)$$

式中:$\delta(\theta)$ 为脉冲函数。将它展开为环向的三角函数

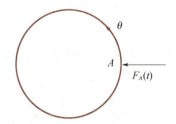

图 5 – 10　单点力作用图

$$F_A(t)\delta(\theta) = \frac{F_A(t)}{2\pi} + \frac{F_A(t)}{\pi}\sum_{n=1}^{\infty}\cos n\theta \qquad (5-63)$$

在闭环控制下,谐振子处于自激谐振状态,仅出现了环向波数为 n 的振型。于是记为

$$\overline{F}(t) = F_A(t)\delta(\theta) \sim \frac{F_A(t)}{\pi}\cos n\theta \qquad (5-64)$$

式(5 – 64)的物理意义是:当壳体环向作用着一个集中力,且壳体只出现了环向波数 n 的振型时,相当于在壳体的环向作用着一个按上述振型分布的力。显然这样的分布力必然产生 $\cos n\theta$ 的环向振型,其中幅值与 $F_A(t)$ 成正比。因此,可以用式(5 – 64)表示在激励力 $\overline{F}_A(t)$ 作用下,产生的稳定的环向振型。式(5 – 64)也反映了另一事实:由于确定了环向振型,也就决定了 $F_A(t)$ 在时域的特性,它必然是一个周期函数,其频率应为上述振型对应的谐振子的谐振频率 ω。也即通过双向选择、双向制约,才使得谐振子处于自激谐

振状态。这一点由闭环自激系统很容易实现。为了准确地反映上述物理本质，$F_A(t)$ 可写为

$$F_A(t) = Ae^{i\omega(t-t_A)} \qquad (5-65)$$

式中：A 为幅值；ω 为谐振频率；t_A 反映了时域的相位。

一般地，当 $F_A(t)$ 作用于环向坐标 θ_0，则有

$$F_A(t)\delta(\theta - \theta_0) \sim \frac{A}{\pi}e^{i\omega(t-t_A)}\cos n(\theta - \theta_0) \qquad (5-66)$$

5.5.2 双点激励

如图 5-11 所示，在壳体的环向 A、B 两点同时有激励力 $F_A(t)$ 和 $F_B(t)$ 激励时，A 点为 θ 的原点，B 点作用于 θ_B 点。假设 $F_A(t)$ 与 $F_B(t)$ 的频率相同，而且就是壳体环向波数为 n 的振型所对应的谐振频率 ω，于是

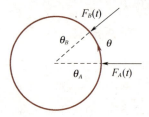

图 5-11　双点力作用图

$$\begin{cases} \overline{F}_A(t) = F_A(t)\delta(\theta) = Ae^{i\omega(t-t_A)}\delta(\theta) \\ \overline{F}_B(t) = F_B(t)\delta(\theta - \theta_B) = Be^{i\omega(t-t_B)}\delta(\theta - \theta_B) \end{cases} \qquad (5-67)$$

当 $\overline{F}_A(t)$、$\overline{F}_B(t)$ 分别单独作用于壳体 A 点、B 点时，有

$$\begin{cases} \overline{F}_A(t) \sim \dfrac{A}{\pi}e^{i\omega(t-t_A)}\cos n\theta \\ \overline{F}_B(t) \sim \dfrac{B}{\pi}e^{i\omega(t-t_B)}\cos n(\theta - \theta_B) \end{cases} \qquad (5-68)$$

那么，当 $\overline{F}_A(t)$、$\overline{F}_B(t)$ 同时作用于壳体上时，由于壳体处于微幅线性振动范围，所以有

$$\overline{F}_A(t) + \overline{F}_B(t) \sim \frac{A}{\pi}e^{i\omega(t-t_A)}\cos n\theta + \frac{B}{\pi}e^{i\omega(t-t_B)}\cos n(\theta - \theta_B) \quad (5-69)$$

由式（5-69）知，当 $\overline{F}_A(t)$、$\overline{F}_B(t)$ 同时作用于壳体环向的 A 点和 B 点时，壳体的运动仍是一个周期振动。通常构成谐振子闭环自激谐振时，总希望它出现规则的环向振型，而且 $\overline{F}_A(t)$、$\overline{F}_B(t)$ 在时域是同相的，即 $t_A = t_B = t_0$，于是式（5-69）可写成

$$\overline{F}_A(t) + \overline{F}_B(t) \sim \left[\frac{A}{\pi}\cos n\theta + \frac{B}{\pi}\cos n(\theta - \theta_B)\right]e^{i\omega(t-t_0)} \tag{5-70}$$

$$= \frac{C}{\pi}\cos n(\theta - \theta_C)e^{i\omega(t-t_0)}$$

$$C = (A^2 + B^2 + 2AB\cos n\theta_B)^{1/2} \tag{5-71}$$

$$\theta_C = \frac{1}{n}\arctan\frac{B\sin n\theta_B}{A + B\cos n\theta_B} \tag{5-72}$$

式(5-70)~式(5-72)表示的物理意义是:当两个同频率(为壳体的谐振频率),同相位的外界激励力同时作用于壳体的环向时,相当于一个幅值为 C 的外界激励力作用于壳体环向的 θ_C 点。

如果 $n\theta_B = \frac{\pi}{2}k$ (k 为奇数),则

$$\overline{F}_B(t) \sim Be^{i\omega(t-t_0)}\cos\left(n\theta - \frac{\pi}{2}k\right) \tag{5-73}$$

对比 $\overline{F}_A(t) \sim Ae^{i\omega(t-t_0)}\cos n\theta$、$\overline{F}_A(t)$、$\overline{F}_B(t)$ 对环向波数 n 的振型是正交的,$\overline{F}_A(t)$ 作用下的波腹点,$\overline{F}_B(t)$ 为作用下的波节点;反之亦然。这时式(5-71)、式(5-72)为

$$\begin{cases} C = (A^2 + B^2)^{1/2} \\ \theta_C = \frac{1}{n}\arctan\left[(-1)^{\frac{k-1}{2}}\frac{B}{A}\right] \end{cases} \tag{5-74}$$

由式(5-74)知,在给定 $(A^2+B^2)^{\frac{1}{2}}$ 保持不变的情况下,改变 A、B 的比值时,就可以改变 θ_C。也就是当作用于 A、B 两点的 $\overline{F}_A(t)$、$\overline{F}_B(t)$ 的幅值改变时,就可以使壳体环向振型发生移动。当连续不断地改变 $\frac{B}{A}$ 值,便可以实现壳体振型持续地进动。

现将上面的说法换一种方式。当壳体上仅作用有 $\overline{F}_A(t) = F_A(t)\delta(\theta)$ 时,振型的波腹点在 $\theta = 0$。当壳体由于某种原因,环向振型发生了进动,振型的波腹点由 $\theta = 0$ 移到了 $\theta = \theta_C$,那么只要在 $\theta_B = \frac{\pi k}{2n}$ (k 为奇数),作用另一个激励力 $\overline{F}_B(t) = A\tan n\theta_C \cdot e^{i\omega(t-t_0)}\delta(\theta - \theta_B)$,$\overline{F}_A(t)$、$\overline{F}_B(t)$ 合成的效果就相当于一个外界激励力作用于环向的 θ_C 点。这就是说,利用开环实现了壳体的"准自由谐振状态"。

▶ 5.6　非接触式轴对称壳谐振陀螺方案的实现

由上面的论述,便可以实现非接触式轴对称壳谐振陀螺闭环自激的方案。图5-12是其闭环方案原理简图。

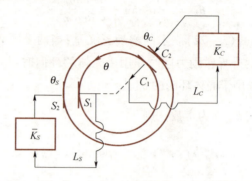

图5-12　非接触式轴对称壳谐振陀螺闭环方案原理简图

C_1、S_1 为检测谐振子振型的位移传感器,称为拾振信号器。

C_2、S_2 为作用于壳体上的激励源,称为离散发力器。

设谐振子是均匀对称的,在环向的各个方向具有相等的振幅。C_1、S_1 拾振信号器具有相同的增益 G_d ;C_2、S_2 发力器具有相同的增益 G_f ;回路放大单元 $\overline{K}_C$、$\overline{K}_S$ 具有相等的幅值增益 G_k ;C_1、C_2 位于壳体环向的同一点 θ_C ;S_1、S_2 也位于壳体环向的同一点 θ_S ;讨论环向波数为 n 的振型。

假设在某一时刻 t_0 ,壳体处于自激谐振状态。其法线方向的振型为

$$w(s,\theta,t) = w(s)\cos n(\theta - \theta_0)\mathrm{e}^{\mathrm{i}\omega(t-t_0)} \tag{5-75}$$

根据上面的假设,C_1、S_1 信号器检测到的位移信号 D_C、D_S 分别为

$$\begin{cases} D_C = G_d w(s)\cos n(\theta_C - \theta_0)\mathrm{e}^{\mathrm{i}\omega(t-t_0)} \\ D_S = G_d w(s)\cos n(\theta_S - \theta_0)\mathrm{e}^{\mathrm{i}\omega(t-t_0)} \end{cases} \tag{5-76}$$

信号 D_C、D_S 经放大单元 $\overline{K}_C$、$\overline{K}_S$ 送到发力器 C_2、S_2 ,它们产生的激励力分别为

$$\begin{cases} \overline{F}_C(t) = G_k G_f D_C \delta(\theta - \theta_C) \\ \overline{F}_S(t) = G_k G_f D_S \delta(\theta - \theta_S) \end{cases} \tag{5-77}$$

在 $\overline{F}_C(t)$、$\overline{F}_S(t)$ 的激励下,壳体产生的振型分别为

$$\overline{F}_C(t) \sim G\cos n(\theta_C - \theta_0)\cos n(\theta - \theta_C)\mathrm{e}^{\mathrm{i}\omega(t-t_0)} \qquad (5-78)$$

$$\overline{F}_S(t) \sim G\cos n(\theta_S - \theta_0)\cos n(\theta - \theta_S)\mathrm{e}^{\mathrm{i}\omega(t-t_0)} \qquad (5-79)$$

$$G = G_{\mathrm{k}}G_{\mathrm{f}}G_{\mathrm{d}}w(s)$$

在 $\overline{F}_C(t)$、$\overline{F}_S(t)$ 作用下,总的振型为

$$\overline{F}_C(t) + \overline{F}_S(t) \sim G\big\{[\cos^2 n(\theta_C - \theta_0) + \cos^2 n(\theta_S - \theta_0)]\cos n(\theta - \theta_0) +$$

$$\sin n(\theta_S + \theta_C - 2\theta_0)\cos n(\theta_S - \theta_C)\sin n(\theta - \theta_0)\big\}\mathrm{e}^{\mathrm{i}\omega(t-t_0)} \qquad (5-80)$$

由式(5-80)知:对任意的 θ_C、θ_S 在上面的闭环控制下,谐振子的振型不仅有原来的 $\cos n(\theta - \theta_0)$ 项(称为主振型),同时产生了与之正交的 $\sin n(\theta - \theta_0)$ 项(附加振型)。那么如何配置 θ_C、θ_S,才能使上述的闭环控制跟踪谐振子原来的振型 $\cos n(\theta - \theta_0)$ 呢?只需满足:

$$\sin n(\theta_C + \theta_S - 2\theta_0)\cos n(\theta_C - \theta_S) = 0 \qquad (5-81)$$

当 $\sin n(\theta_C + \theta_S - 2\theta_0) = 0$ 时,可得

$$n(\theta_C + \theta_S - 2\theta_0) = k_1\pi \qquad k_1 \text{ 为整数} \qquad (5-82)$$

这时,有

$$\cos^2 n(\theta_C - \theta_0) + \cos^2 n(\theta_S - \theta_0) = 2\cos^2 n(\theta_C - \theta_0)$$

即振型 $\cos n(\theta - \theta_0)$ 的幅值与信号器的位置 θ_C 和振型的位置 θ_0 有关,且变化显著。

当 $\cos n(\theta_C - \theta_S) = 0$ 时,可得

$$n(\theta_C - \theta_S) = \frac{\pi}{2}k_2 \qquad k_2 \text{ 为奇数} \qquad (5-83)$$

这时

$$\cos^2 n(\theta_C - \theta_0) + \cos^2 n(\theta_S - \theta_0) = 1$$

即振型 $\cos n(\theta - \theta_0)$ 的幅值保持不变。显然,按条件(5-83)来配置拾振信号器和发力器远比按条件(5-82)来配置要优越得多。因此,在实际中,应按式(5-83)来配置信号器和发力器。这时可得如下结论:

(1)闭环系统可以维持谐振子的环向振型不移动;

(2)分别作用于 θ_C、θ_S 的 $\overline{F}_C(t)$、$\overline{F}_S(t)$ 合成的效果相当于在壳体环向的 $\theta = \theta_0$ 点作用了激励力;

(3)闭环系统实现了壳体环向振型瞬时选择激励力,即在闭环控制下,实现了谐振子的"准自由谐振状态"。

因此,闭环系统完全可以实现非接触式轴对称壳谐振陀螺方案。

▶ 5.7 非接触式轴对称壳谐振陀螺测量原理的实现

⬦ 5.7.1 闭环系统实现原理

前面论证了非接触式轴对称壳谐振陀螺方案的实现。下面论述可实现测量角位移的原理,图 5 – 13 给出其测量原理图。

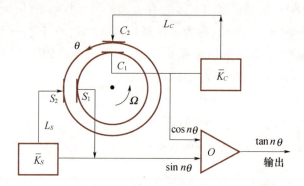

图 5 – 13　非接触式轴对称壳谐振陀螺测量原理图

选取 $n(\theta_C - \theta_S) = -\dfrac{\pi}{2}$, θ_C 和 θ_S 的间隔相当于环向振型的 $\dfrac{1}{4}$ 波(如果 θ_C 处于环向振型的波腹,则 θ_S 为其相邻的波节)。不失一般性,取 $\theta_C = 0$, $\theta_S = \dfrac{\pi}{2n}$ 。下面考虑壳体的两个状态。

状态①:环向振型为 $\cos n(\theta - \theta_0)\left(\dfrac{\pi}{2} \geqslant n\theta_0 \geqslant 0\right)$ 。由于壳体在闭环控制下处于"准自由谐振状态",因此,当壳体绕惯性空间转了 ψ_1 角时,环向振型相对于壳体转了 ψ 角,记为状态②。也即状态②的环向振型为 $\cos n(\theta - \theta_0 - \psi)$ $\left(\text{设}\ \dfrac{\pi}{2} \geqslant n(\theta_0 + \psi) \geqslant 0\right)$ 。

对于状态①:由 C_1 、S_1 信号器检测到的信号分别为

$$\begin{cases} D_C = G_{\mathrm{d}}w(s)\cos n\theta_0 \mathrm{e}^{\mathrm{i}\omega(t-t_0)} \\ D_S = G_{\mathrm{d}}w(s)\cos n\left(\dfrac{\pi}{2n} - \theta_0\right)\mathrm{e}^{\mathrm{i}\omega(t-t_0)} \end{cases} \tag{5 – 84}$$

由式(5 – 84)知,把检测到的信号经逻辑比较送到除法器便可以求得

$$\begin{cases} \tan n\theta_0 = \dfrac{D_2}{D_1} & D_2 \leqslant D_1 \\[2mm] \cot n\theta_0 = \dfrac{D_1}{D_2} & D_2 > D_1 \end{cases} \qquad (5-85)$$

从而可以求出 $n\theta_0$，于是确定了状态①在环向的位置 θ_0。类似地，可以确定状态②在环向的位置 $\theta_0 + \psi$。确定了状态①和②在环向的位置，便可以确定状态②的环向振型对状态①的环向振型的角位移。由第 3 章的有关论述知：$\psi_1 = \psi/K$，K 为环向振型的进动因子。由于 K 是谐振子固有的结构特性且十分稳定，所以可以求出壳体状态②对状态①转过的角度 ψ_1，实现了闭环测量角位移的原理。对 ψ_1 微分便可以实现角速度的测量。

　　上面的闭环系统是利用两个独立的信号器和两个独立的发力器来实现的。在实际中，一方面，为了提高测量精度，可以配置多个信号器来拾取振型信号。对环向波数为 n 的振型，最多可配置 $4n$ 个独立的信号器。它们均布于壳体环向，间隔为 $\pi/2n$。这 $4n$ 个信号器可以分为两组，每一组是由间隔为 π/n 的 $2n$ 个信号组成。这两组信号分别求矢量和，相当于是单个信号器信号的 $2n$ 倍。然后按前述方式进行处理，确定振型在环向的位置。另一方面，为了使谐振子处于理想的振动状态，仅出现所要求的环向波数 n 的振型，在环向可配置多个独立的发力器。其数目可以和信号器相等，也可以不等。为了不使信号器和发力器相互干扰，对于每一个信号器可以配置两个独立的发力器。于是，对环向波数为 n 的振型，共配置 $8n$ 个发力器。它们也均布于壳体环向，且将信号器置于与之配合的构成闭环的两个发力器的中间。

　　对于通常用的环向波数 $n = 2$ 的振型，最多可配置 8 个独立的信号器，同时配置 16 个独立的发力器。图 5-14 给出了所构成的谐振陀螺系统的实用原理图。

✍ 5.7.2　信号检测系统原理

　　图 5-15 给出了检测两路同频率周期信号幅值比的原理图。设计思想是：首先对 $x_S(t)$、$x_C(t)$ 进行整流，产生经整流后的半波正弦脉冲串；将这些脉冲串分别供给积分器，并保持积分器接近平衡，在给定的计算机采样周期结束时，幅值较大的脉冲数量与幅值较小的脉冲数量之比，可粗略看成信号幅值之比；同时，积分器在采样周期结束时的失衡信息提供了精确计算所需的附加信息。

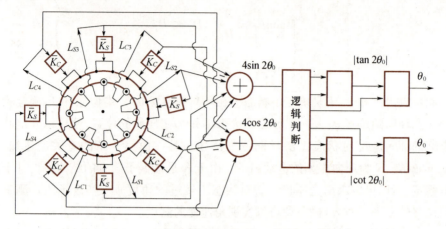

图 5 – 14　非接触式轴对称壳谐振陀螺实用原理图

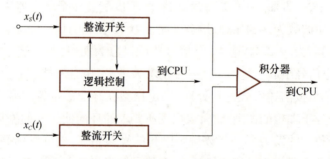

图 5 – 15　半球谐振陀螺信号检测系统原理结构图

对应 θ_S 检测到的信号 $x_S(t)$ 经全波整流后被送入积分器,见图 5 – 16(a)。假定积分从时刻 $t = 0$ 开始,该时刻波形正好过零点,在时刻 t_1 积分结束,其中完整半波的个数为 N_S,最后不足一个半波的时间小间隔为 $M_S = t_1 - \dfrac{T}{2}N_S$,于是积分值为

$$A_S = \frac{1}{\tau}\int_0^{t_1}|x_S(t)|\,\mathrm{d}t = \frac{1}{\tau}\left[D_S N_S \int_0^{\frac{T}{2}}\sin\omega t\,\mathrm{d}t + D_S \int_0^{M_S}\sin\omega t\,\mathrm{d}t\right]$$

$$= \frac{2D_S}{\pi\tau}\left(\frac{T}{2}N_S + B(T,M_S)\right) \tag{5 – 86}$$

$$B(T,M_S) = \frac{T}{4}\left(1 - \cos\frac{2\pi M_S}{T}\right) \tag{5 – 87}$$

式中:τ、T 分别为积分器的时间常数(s)和信号的周期(s)。

由式(5-86)知,积分值 A_S 主要与前 N_S 个半波的时间有关,另一项 $B(T, M_S)$ 小量正是前面指出的失衡时的附加信息。实际计算中,由于振动信号的周期 T 是一个确定的常量, $B(T, M_S)$ 可以通过分段插值获得,即给定一个 M_S ,可"查出"一个对应的 $B(T, M_S)$ 值。

类似地,可以给出 $x_C(t)$ 经整形、积分后的值(图5-16(b))为

$$A_C = \frac{2D_C}{\pi\tau}\Big[\frac{T}{2}N_C + B(T, M_C)\Big] \qquad (5-88)$$

由式(5-86)、式(5-88)得

$$\frac{D_S}{D_C} = \frac{A_S\Big[\dfrac{T}{2}N_C + B(T, M_C)\Big]}{A_C\Big[\dfrac{T}{2}N_S + B(T, M_S)\Big]} \qquad (5-89)$$

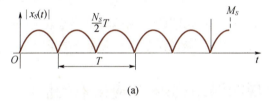

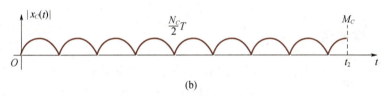

图5-16　整形后信号示意图

(a) $x_S(t)$; (b) $x_C(t)$ 。

式(5-89)是图5-15检测两周期信号幅值比方案的数学模型。只要测出 A_S、A_C、N_S、N_C、M_S、M_C、T 7个参数就可以得到两路信号的幅值比。其中 A_S、A_C 通过 A/D 转换得到数字量,另外5个本身就是数字量,所以通过对数字量的测量,就可以得到幅值比的测量值。

该方案的优点是:把幅值的测量间接转换成时间间隔的测量和两个直流电信号的 A/D 转换,便可以获得高精度;其次由上面的理论分析知,该方法不必要求两路信号精确同相位;对于某些非严格正弦波、相位误差,随机干扰具有一定的抑制性,再就是可进行连续测量,实时性好。

应当指出,在设计硬件和软件时,还应考虑以下几个实际问题:

(1)两路信号幅值大小的比较。为的是在测量解算 ψ 角时提高精度,已由式(5-85)反映出来。

(2) 2ψ 角的象限问题。可通过判断 $x_s(t)$、$x_C(t)$ 是同相还是反相以及 $x_s(t)$、$x_C(t)$ 上一次采样的状态来定。

(3)接近 $0°$、$45°$(0 , $\pi/4$)等附近的信号处理问题。这时信号幅值小的一路可能积很长时间也难达到预定参数值。为了保证系统的实时性和精度,可采用软件定时中断的技术,规定某一时间到达后,不再等待强行发出复位信号;然后利用上一次的采样信息和本次的采样信息进行解算。为提高动态解算品质,积分预定值与软件定时器时间参数值均采用动态确定法,即每一个测量周期内,这两个参数都可以根据信号的实际变化情况而被赋予CPU。

(4)测量零位误差问题。可采用数字自校零技术,在发出测量时间控制信号以前,安插一校零阶段,检测出积分器模拟输出偏差电压;进入测量阶段后,用该误差电压去补偿正在发生影响的误差因素,使最终结果中不再包含零点偏差值。

5.8 可能出现的误差、影响及应采取的措施

5.8.1 误差源

在非接触式轴对称壳谐振陀螺中,实际选用的谐振子在精密加工、严格的工艺处理、反复精修顶端结构以后,可以认为轴对称壳谐振子是理想的轴对称壳。由它构成的谐振陀螺,根据上面的论述,从组成谐振陀螺的主要部件上说,可能出现的误差主要产生在:

(1)谐振子:主要考虑 Ω 引起轴对称壳谐振子谐振频率漂移带来的影响。

(2)发力器:主要考虑发力器在环向分布不均匀和其增益不相等引起的误差。

(3)信号器:主要考虑信号器在环向分布不均匀和其增益不相等引起的误差。

5.8.2 闭环自激系统

上面的误差源反映在闭环自激系统上有三种误差形式:

（1）轴对称壳谐振频率的漂移。由于轴对称壳谐振子的品质因数很高,其等效的阻尼比很小。所以,在轴对称壳谐振子谐振频率附近,极小的谐振频率变化,就能引起较大的相移。这将破坏系统自激谐振状态,为了使谐振子处于理想的振动状态,必须引入锁相单元。相当于跟踪系统的相位误差,以满足幅相条件。

（2）两个独立的闭环自激系统等效的增益可能不相等。这主要由拾振信号器增益的不等、发力器增益的不等、放大单元增益的不等引起。为解决这一问题可以采用自动增益控制单元。

（3）闭环系统环向振型的漂移。这主要由信号器、发力器配置点的位置误差引起。从误差的传递上来说,可以表示为图 5 - 17 所示的形式,结构中同时给出了对测量的影响情况。

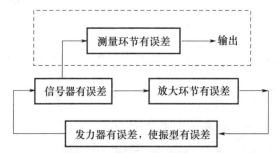

图 5 - 17　非接触式轴对称壳谐振陀螺闭环系统误差传递图

以图 5 - 13 来讨论,设 θ_C、θ_S 的理论位置分别为 0、$\dfrac{\pi}{2n}$,实际配置拾振信号器 C_1、S_1 的位置分别为 ε_{dc},$\dfrac{\pi}{2n} + \varepsilon_{ds}$ 分别有 ε_{dc}、ε_{ds} 的误差。

实际配置发力器 C_2、S_2 的位置分别为 ε_{fc}、$\dfrac{\pi}{2n} + \varepsilon_{fs}$,分别有 ε_{fc}、ε_{fs} 的误差。

C_1、C_2 之间的误差为 $\varepsilon_{dc} - \varepsilon_{fc}$,$S_1$、$S_2$ 之间的误差为 $\varepsilon_{ds} - \varepsilon_{fs}$,详见图5 - 18。

对谐振子的某一个状态 $\cos n(\theta - \theta_0)$,两个信号器 C_1、S_1 接收到的信号

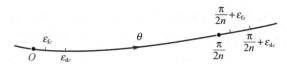

图 5 - 18　信号器、发力器配置图

分别为

$$D_C = G_d w(s) \cos n(\varepsilon_{dc} - \theta_0) e^{i\omega(t-t_0)}$$

$$D_S = G_d w(s) \cos n\left(\frac{\pi}{2n} + \varepsilon_{ds} - \theta_0\right) e^{i\omega(t-t_0)}$$

经放大单元,送到发力器 C_2、S_2 作用于谐振子上产生的振型分别为

$$\overline{F}_C = G_k G_f D_C \delta(\theta - \varepsilon_{fc}) \sim G \cos n(\varepsilon_{dc} - \theta_0) \cos n(\theta - \varepsilon_{fc}) e^{i\omega(t-t_0)}$$

$$\overline{F}_S = G_k G_f D_S \delta\left(\theta - \frac{\pi}{2n} - \varepsilon_{fs}\right) \sim G \cos n\left(\frac{\pi}{2n} + \varepsilon_{ds} - \theta_0\right) \cos n\left(\theta - \frac{\pi}{2n} - \varepsilon_{fs}\right) e^{i\omega(t-t_0)}$$

于是,$\overline{F}_C$、$\overline{F}_S$ 作用下总振型为

$$\overline{F}_C + \overline{F}_S \sim G[C_a \cos n(\theta - \theta_0) + S_a \sin n(\theta - \theta_0)] \tag{5-90}$$

$$C_a = \cos n(\theta_0 - \varepsilon_{dc}) \cos n(\theta_0 - \varepsilon_{fc}) + \sin n(\theta_0 - \varepsilon_{ds}) \sin n(\theta_0 - \varepsilon_{fs})$$

$$\tag{5-91}$$

$$S_a = \sin \frac{n}{2}(\varepsilon_{dc} - \varepsilon_{ds} + \varepsilon_{fc} - \varepsilon_{fs}) \cos n(2\theta_0 - \varepsilon_{dc} - \varepsilon_{ds} - \varepsilon_{fc} - \varepsilon_{fs}) +$$

$$\frac{1}{2}[\sin n(\varepsilon_{fs} - \varepsilon_{ds}) - \sin n(\varepsilon_{dc} - \varepsilon_{fc})] \tag{5-92}$$

考虑到 ε_{dc}、ε_{ds}、ε_{fc}、ε_{fs} 均为极小量,因此

$$C_a \approx \cos^2 n\theta_0 + \sin^2 n\theta_0 = 1 \tag{5-93}$$

$$S_a \approx \varepsilon_1 \cos 2n\theta_0 + \varepsilon_2 \tag{5-94}$$

$$\varepsilon_1 = \frac{n}{2}(\varepsilon_{dc} + \varepsilon_{fc} - \varepsilon_{ds} - \varepsilon_{fs}) \tag{5-95}$$

$$\varepsilon_2 = \frac{n}{2}(\varepsilon_{fs} + \varepsilon_{fc} - \varepsilon_{ds} - \varepsilon_{dc}) \tag{5-96}$$

于是,式(5-90)可写成

$$\overline{F}_C + \overline{F}_S \sim G[\cos n(\theta - \theta_0) + (\varepsilon_1 \cos 2n\theta_0 + \varepsilon_2) \sin n(\theta - \theta_0)] e^{i\omega(t-t_0)}$$

$$= G[1 + (\varepsilon_1 \cos 2n\theta_0 + \varepsilon_2)^2]^{\frac{1}{2}} \cos n[(\theta - \theta_0) - \varepsilon] e^{i\omega(t-t_0)} \tag{5-97}$$

$$\varepsilon = \frac{1}{n} \arctan(\varepsilon_1 \cos 2n\theta_0 + \varepsilon_2) \approx \frac{1}{n}(\varepsilon_1 \cos 2n\theta_0 + \varepsilon_2) \tag{5-98}$$

离散地看,$\cos n(\theta - \theta_0)$ 的稳定状态应为 $\cos n[(\theta - \theta_0) - \varepsilon]$ 延迟了 ε 角。由于状态 $\cos n(\theta - \theta_0)$ 到 $\cos n[(\theta - \theta_0) - \varepsilon]$ 是个连续变化的过程,因而一般情况,对任意的 t 时刻,将振型由 $\cos n(\theta - \theta_0)$ 转化为 $\cos n[(\theta - \theta_0) - \theta_\varepsilon]$,其中

$$\theta_{\varepsilon} = \int_{t_0}^{t} \frac{k_0}{n} \big[\varepsilon_1 \cos 2n(\theta_0 + \theta_{\varepsilon}) + \varepsilon_2 \big] \mathrm{d}t \qquad (5-99)$$

初始条件为

$$\theta_{\varepsilon} \big|_{t=t_0} = 0$$

k_0 与谐振子的谐振频率、激励力的大小增益、谐振子的材料特性等有关，反映了由 $\cos n(\theta - \theta_0)$ 到 $\cos n\big[(\theta - \theta_0) - \varepsilon \big]$ 的快慢程度，这里称之为状态转化率。

将式(5-99)改写为微分方程：

$$\frac{\mathrm{d}\theta_{\varepsilon}}{\mathrm{d}t} = \frac{k_0}{n} \big[\varepsilon_1 \cos 2n(\theta_0 + \theta_{\varepsilon}) + \varepsilon_2 \big] \qquad (5-100)$$

下面讨论方程(5-100)：

$$(1) \ | \ \varepsilon_1 \ | \geqslant | \ \varepsilon_2 \ | \qquad (5-101)$$

$\varepsilon_1 \cos 2n(\theta_0 + \theta_{\varepsilon}) + \varepsilon_2$ 总有零点，为方程(5-100)的平衡点。由于 $\cos 2n(\theta_0 + \theta_{\varepsilon})$ 为周期函数，所以 θ_{ε} 将处于其稳定的平衡点，相应的状态是闭环系统的稳定状态。利用式(5-95)、式(5-96)、式(5-101)可得

$$(\varepsilon_{\mathrm{dc}} - \varepsilon_{\mathrm{fs}})(\varepsilon_{\mathrm{ds}} - \varepsilon_{\mathrm{fc}}) \leqslant 0 \qquad (5-102)$$

这时稳定的状态在

$$\bar{\theta} = \frac{1}{2n} \Big[\arccos\Big(-\frac{\varepsilon_2}{\varepsilon_1} \Big) + k\pi \Big] \qquad k \ \text{为整数} \qquad (5-103)$$

也即，信号器、发力器的位置误差满足条件(5-102)时，闭环有稳定的自激谐振状态，为 $\cos n(\theta - \bar{\theta})$。与初始状态 $\cos n(\theta - \theta_0)$ 相比，有一恒值漂移 $\bar{\theta} - \theta_0$。

$$(2) \ | \ \varepsilon_1 \ | < | \ \varepsilon_2 \ | \qquad (5-104)$$

即

$$(\varepsilon_{\mathrm{dc}} - \varepsilon_{\mathrm{fs}})(\varepsilon_{\mathrm{ds}} - \varepsilon_{\mathrm{fc}}) > 0 \qquad (5-105)$$

这时，$\dfrac{\mathrm{d}\theta_{\varepsilon}}{\mathrm{d}t}$ 恒与 ε_2 同号，所以 θ_{ε} 将是发散的。随着时间 t 的增加，$\theta_{\varepsilon} \to \infty$。这表明，在条件(5-105)下，环向振型没有固定的位置，将在环向绕圈子。

考虑到实际系统配置的拾振信号器、发力器总有位置误差，$\varepsilon_{\mathrm{dc}}$、$\varepsilon_{\mathrm{ds}}$、$\varepsilon_{\mathrm{fc}}$、$\varepsilon_{\mathrm{fs}}$ 总是存在的。所以图 5-13 所示的谐振子，其环向振型要么稳定在环向某一

固定点,要么在环向绕圈子,而不能实现"准自由谐振状态"。采取什么措施可以解决上面的问题呢?

考察式(5-90),上述现象的产生是由于出现了正交振型顶。由式(5-94)知:正交振型项中有一恒值分量 ε_2,可以根据实测结果引入一个恒值的正交量来消除 ε_2 引起的正交振型。此外,还有与 ε_1 有关的按 $\cos 2n\theta_0$ 变化的正交振型量。对它可以引入正交切除单元。这样可使瞬时正交振型顶减到最小。于是,对于初始状态 $\cos n(\theta - \theta_0)$,闭环自激系统可以维持在 $\cos n(\theta - \theta_0 - \bar{\varepsilon})$,$\bar{\varepsilon}$ 是极小的剩余正交振型产生的。它非常小,将影响测量精度。

5.8.3 测量精度

从系统的测量环节上说,主要有以下两种误差。

1. 信号器

由前面的论述知,信号器增益不等时,由式(5-85)确定的振型在环向的位置 θ_0 有误差。设信号器 C_1 的增益为 G_d,信号器 S_1 的增益为 $G_d + \Delta G_d(\Delta G_d / G_d \ll 1)$,则

$$\tan n\theta'_0 = \frac{G_d + \Delta G_d}{G_d}\tan n\theta_0 = \tan n\theta_0 + \frac{\Delta G_d}{G_d}\tan n\theta_0 \qquad (5-106)$$

θ'_0 为 θ_0 名义值,由谐振陀螺的测量环节测出。由式(5-106)可得

$$\frac{\tan n\theta'_0 - \tan n\theta_0}{1 + \tan n\theta'_0 \tan n\theta_0} = \frac{\frac{\Delta G_d}{G_d}\tan n\theta_0}{1 + \tan n\theta'_0 \tan n\theta_0} \approx \frac{\Delta G_d}{G_d}\frac{\tan n\theta_0}{1 + \tan^2 n\theta_0}$$

$$\tan n(\theta'_0 - \theta_0) = \frac{1}{2}\frac{\Delta G_d}{G_d}\sin 2n\theta_0 \qquad (5-107)$$

由于 $\dfrac{\Delta G_d}{G_d} \ll 1$,所以

$$\theta'_0 - \theta_0 \approx \frac{1}{2n}\frac{\Delta G_d}{G_d}\sin 2n\theta_0 \qquad (5-108)$$

综上可知:由信号器增益不等引起的测量误差与增益变化率成正比,按 $\sin 2n\theta_0$ 规律变化。特别当 $n = 2$ 时,为 $\sin 4\theta_0$。

从提高测量精度考虑,一方面,要提高每一个信号器的精度;另一方面,前面论述的采用多个信号器的措施也有利于提高测量精度。

顺便提出,分析信号器增益不等的影响相当于也研究了壳体振型不均匀对测量带来的影响。

2. 环向振型漂移

由5.8.2节的分析可以清楚地看出:如果不采取正交切除和引入附加的正交振型分量,根本不可能实现测量。当采取了正交切除和引入附加正交振型分量后,极小的剩余正交振型引起的随机漂移与正交切除单元的效益成反比,按 $\cos 2n\theta_0$ 规律变化。特别当 $n = 2$ 时,为 $\cos 4\theta_0$。

综上,可以得到如下结论:从维持谐振子稳定的自激谐振状态和实现其精确测量来说,在闭环自激环路中应加入锁相单元,自动增益控制单元和正交切除单元。并根据实际调试的情况引入一恒值正交分量。同时要尽可能地提高信号器的精度和谐振子的动态品质。

5.9 谐振子的选择

5.9.1 基本结构的选择

非接触式轴对称壳谐振陀螺中的谐振子的基本结构是底端约束、顶端开口的轴对称壳。约束端的主要目的是隔离谐振子的外界干扰,牢固地支承谐振子。在选定底端约束形式后,顶端开口状是为了使轴对称壳谐振频率最低。在相同的外界激励下,在其开口端可以获得最大的径向振幅。从而可以提高非接触式轴对称壳谐振陀螺的测量精度,便于组成闭环自激系统。

依第2章的分析,任意轴对称壳的振动问题,可以等价于一个求解广义特征值和广义特征向量的数学问题,可以写成

$$[K][X] - \omega^2[M][X] = [0] \tag{5-109}$$

式中:$[K]$、$[M]$ 为 N 阶方阵;$[X]$ 为对应于 ω^2 的 N 维特征向量。从物理意义上说。最低的 ω_{min} 为所对应壳体的谐振频率。当引入约束,对式(5-109)进行边界条件处理后变为

$$[K_1][X_1] - \omega_1^2[M_1][X_1] = [0] \tag{5-110}$$

式中:$[K_1]$、$[X_1]$ 为 N_1 阶方阵,它由 $[K]$、$[M]$ 的行和列组成;$[X_1]$ 为对应于 ω_1^2 的 N_1 维特征向量,最低的 ω_{1min} 对于着壳体这时的谐振频率。$N_1 \leqslant N$,由广义特征值的估计理论可知

$$\omega_{1\min} \geqslant \omega_{\min}$$

所以在同一端的约束中,自由边界对应的谐振频率最低。从物理意义上说,约束后相当于增加了等效刚度,这必然使谐振频率增加。因此,一端约束的轴对称壳,另一端开口时,其谐振频率最低。

根据第 2 章的分析,轴对称壳谐振子的动能为

$$T = \frac{\pi\rho}{2}\omega^2 \int_0^L \left[u^2(s) + v^2(s) + w^2(s) \right] r(s)h(s)\mathrm{d}s \qquad (5-111)$$

给定外界激励时,相当于确定了壳体的动能 T,它决定着 $u(s)$、$v(s)$、$w(s)$ 的振幅。当壳体一端是开口状时,那么:

(1) 壳体基本上以弯曲振动为主,即以 $w(s)$ 径向振型为主;

(2) 壳体自由端的振幅最大(图 2 – 9、图 2 – 10、图 2 – 12 ~ 图 2 – 13 的振型曲线);

(3) 谐振频率 ω 是最小的。

所以从上面简单的分析,结合式(5 – 111)可知,上面结构的谐振子在开口端的径向振幅 $w(s)$ 最大。

5.9.2　环向波数 n 的选择

(1) 从维持谐振子的振动考虑。上面结构形式的轴对称壳,根据第 2 章的有关分析,当 $n(\geqslant 2)$ 增加时,其弯曲振动的谐振频率也增加。同时,n 增大时,环向振型的复杂性增加,振型分布变密,配置信号器,发力器更容易产生位置误差,降低测量精度。因此,为了使谐振子处于最理想的振动状态,选 $n = 2$ 最佳。

(2) 从哥氏效应,即环向振型进动因子 K 来考虑。陀螺效应是利用轴对称壳谐振子环向振型的进动规律来实现的。环向振型的进动因子 K 不宜太小。由前面的论述知:可以直接测到的是 $\psi_c = n\psi$,而需要测量的是 $\psi_1 = \dfrac{\psi}{K} = \dfrac{\psi_c}{nK}$,所以从测量精度上考虑,应选 nK 值较大的。依第 3 章的有关结论,不论对半球壳还是圆柱壳,选 $n = 2$ 是最理想的。

综上所述,$n = 2$ 是最佳的,也可以说是唯一的选择。

5.9.3　轴对称壳的选择

作为谐振陀螺中的轴对称壳,主要利用其动力学特性。典型的轴对称壳

有圆柱壳、圆锥壳、半球壳、抛物壳。圆锥壳(图5-19)和圆柱壳是同一类型的壳体。从结构上考虑,它们没有本质区别,在母线方向,它们的曲率均为零。圆锥壳可以看成是圆柱壳的变形,它们底端的约束情况,特别是母线方向的位移是否约束对其振动特性影响较大。它们具有相同的动力特性。因此,对于这类壳体,通常选典型的圆柱壳。

半球壳和抛物壳(图5-20)是同一类壳体。它们在母线方向的曲率不为零,可以把抛物壳看成是半球壳的变形,在约束端具有很大的等效刚度。因此,底端的约束情况对其动力特性影响较小。和上一类壳体相比,它们具有很强的抗干扰能力,有良好的隔振效果,二者具有相同的动力特性。因此,对于这类壳体,通常选用典型的半球壳。

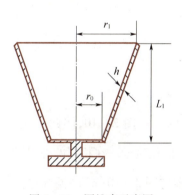

图5-19　圆锥壳示意图

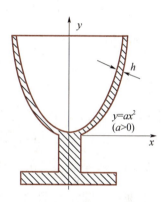

图5-20　抛物壳示意图

正是基于上述原因,本书详细分析了典型的圆柱壳和半球壳的动力特性。

⚔ 5.9.4　圆柱壳和半球壳谐振子振动特性的比较

(1) 外界激励下的振幅。在外界激励下,当半球壳的振幅增益和圆柱壳的振幅增益可比较时,在自由端半球壳的振幅明显比圆柱壳的大,理由如下。

这里主要讨论等壁厚的壳体。

对于图2-10(a)结构形式的圆柱壳,其动能最大值为

$$T = \frac{1}{2}r\rho h\pi\omega^2 \int_0^L [u^2(s) + v^2(s) + w^2(s)]\mathrm{d}s + T_a \qquad (5-112)$$

T_a 为厚 L_0,半径 r_0(支柱的半径)到 $r + \frac{h}{2}$ 圆盘振动动能最大值,显然:

$$\frac{1}{2}L_0\rho h\pi\left[\left(r+\frac{h}{2}\right)^2-r_0^2\right]\omega^2u^2(s_0) > T_a > 0 \qquad (5-113)$$

利用式(2-93)和式(2-98),得

$$T > T - T_a = \frac{\pi h^3EL}{24r^3(1-\mu^2)}n^2(n^2-1)^2\left[\frac{n^2L^2}{3r^2}+2(1-\mu)\right]A^2 \qquad (5-114)$$

对于这种结构的圆柱壳,实际中 $T_a \ll T$,于是

$$A^2 = \frac{24r^3(1-\mu^2)T}{\pi h^3ELn^2(n^2-1)^2\left[\frac{n^2L^2}{3r^2}+2(1-\mu)\right]} \qquad (5-115)$$

$s = L$ 处,径向振幅 $w(L)$ 的平方为

$$w^2(L) = \frac{n^4L^4}{r^4}A^2 = \frac{24Lr(1-\mu^2)n^2T}{\pi h^3ELn^2(n^2-1)^2\left[\frac{n^2L^2}{3r^2}+2(1-\mu)\right]} \qquad (5-116)$$

对于图2-10(b)结构形式的圆柱壳,它的振型 $v(s)$、$w(s)$ 与图2-10(a)的很接近,相对来说,$u(s)$ 很小,详见图2-9、图2-10,因此,它的积分 $\int_0^L[u^2(s)+v^2(s)+w^2(s)]\mathrm{d}s$ 与图2-10(a)的很接近。在相同的外界激励能量下,参数相同的圆柱壳,图2-10(a)的振幅与图2-10(b)的振幅之比大约是其频率之比的倒数。由于图2-10(b)的谐振频率明显高于图2-10(a)的谐振频率。因此,其幅值要比图2-10(a)的幅值小得多。

对于 $\varphi_0 = 0°$、$\varphi_F = 90°$ 的图2-9结构形式的半球壳,其动能的最大值为

$$T = \frac{1}{2}\rho h\pi R^2\omega^2\int_{\varphi_0}^{\varphi_F}f_7(n,\varphi)\mathrm{d}\varphi C_1^2 \qquad (5-117)$$

利用式(2-104)和式(2-109),有

$$T = \frac{\pi h^3En^2(n^2-1)^2}{6R^2(1+\mu)}\int_{\varphi_0}^{\varphi_F}\frac{\tan^{2n}\dfrac{\varphi}{2}}{\sin^3\varphi}\mathrm{d}\varphi C_1^2 \qquad (5-118)$$

$$C_1^2 = \frac{6TR^2(1+\mu)}{\pi h^3En^2(n^2-1)^2}\int_{\varphi_0}^{\varphi_F}\frac{\tan^{2n}\dfrac{\varphi}{2}}{\sin^3\varphi}\mathrm{d}\varphi \qquad (5-119)$$

在 $\varphi = \varphi_F = 90°$ 处,径向振幅 $w(\varphi_F)$ 的平方为

$$w^2(\varphi_F) = (n + \cos\varphi_F)^2 \tan^{2n}\frac{\varphi_F}{2} C_1^2 = \cfrac{6R^2(1+\mu)}{\pi h^3 E (n^2-1)^2 \displaystyle\int_{\varphi_0}^{\varphi_F} \cfrac{\tan^{2n}\dfrac{\varphi}{2}}{\sin^3\varphi}\mathrm{d}\varphi}$$

$$(5-120)$$

简单地对 $w^2(L)$ 和 $w^2(\varphi_F)$ 进行比较,不能说明问题,由于 $w^2(L)$ 与 L、r、h 有关,$w^2(\varphi_F)$ 与 R、h 有关,所以应考虑壳体的体积等因素。为此,下面比较圆柱壳、半球壳单位体积振幅的平方,即

$$\bar{w}(L) = \frac{w^2(L)}{V_c} = \cfrac{24 T n^2 (1-\mu^2)}{\pi^2 h^3 r E (n^2-1)^2 \left[\dfrac{n^2 L^2}{3 r^2} + 2(1-\mu)\right]} \qquad (5-121)$$

$$\bar{w}(\varphi_F) = \frac{w^2(\varphi_F)}{V_h} = \cfrac{9 T (1+\mu)}{\pi^2 h^3 R E (n^2-1)^2 \displaystyle\int_{\varphi_0}^{\varphi_F} \cfrac{\tan^{2n}\dfrac{\varphi}{2}}{\sin^3\varphi}\mathrm{d}\varphi} \qquad (5-122)$$

当 $n = 2$ 时($\varphi_0 = 0°$,$\varphi_F = 90°$),有

$$\int_{\varphi_0}^{\varphi_F} \cfrac{\tan^{2n}\dfrac{\varphi}{2}}{\sin^3\varphi}\mathrm{d}\varphi = \frac{1}{48}(4\sqrt{2}-1)$$

$$\bar{w}(L) = \cfrac{16 T (1-\mu^2)}{\pi^2 h^3 r E \left[\dfrac{2L^2}{r^2} + 3(1-\mu)\right]} \qquad (5-123)$$

$$\bar{w}(\varphi_F) = \cfrac{48(1+\mu)}{\pi^2 h^3 R E (4\sqrt{2}-1)} \qquad (5-124)$$

当圆柱壳和半球壳的壁厚、泊松比、弹性模量、外界的激励能量相等时(相当于动能最大值相同),有

$$\frac{\bar{w}(\varphi_F)}{\bar{w}(L)} = \cfrac{3\left[\dfrac{2L^2}{r^2} + 3(1-\mu)\right] r}{(4\sqrt{2}-1)(1-\mu) R} \qquad (5-125)$$

利用 $\pi r^2 L = \dfrac{4}{3}\pi R^3$,对式(5-125)进行处理,得

$$\left[\frac{\overline{w(\varphi_F)}}{\overline{w(L)}} \right]_{\min} = \frac{6\sqrt{3} \cdot 2^{\frac{5}{6}}}{(4\sqrt{2}-1)(1-\mu)^{\frac{1}{6}}} \geqslant 3.98 \qquad (5-126)$$

因此,在相等的外界激励能量下,在振幅、体积、有效载荷等方面的指标,半球壳明显优于圆柱壳。

(2)约束端对振动特性的影响。对于圆柱壳,母线方向位移是否受约束对其振动特性影响较大。不约束时,谐振频率较低,隔振能力差,干扰影响大;约束时,谐振频率明显增大,抗扰能力增强,同时也增加了载荷和体积。

对于半球壳,实用中,其底端角 φ_0 很小,底端处的约束情况基本上不影响其动力特性,抗扰能力强,隔振好。可灵活设计其约束端的结构形式,附加载荷和体积小。

(3)惯性过载对谐振频率的影响。对圆柱壳的影响程度明显小于对半球壳的影响程度。

(4)壳体缺陷对谐振频率的影响。对圆柱壳的影响程度明显大于对半球壳的影响程度。

(5)环向振型的进动因子 K 值。圆柱壳的 K 值大于半球壳的 K 值。

(6)惯性过载对 K 值的影响。对圆柱壳和半球壳的影响程度差不多。

(7)壳体缺陷对 K 值的影响。对圆柱壳的影响程度略小于对半球壳的影响程度。

综上所述,在非接触式轴对称壳谐振陀螺中,选用半球壳构成 HRG 还是选用圆柱壳构成 CRG 各有优劣。对有些指标,选半球壳好,对有些指标,选圆柱壳好。建议结合其具体的应用场合和具体的技术性能指标来考虑。

附录 A
时间常数、品质因数、频率之间的关系

谐振陀螺的时间常数(即表 1-3 中的衰减时间)与谐振子的品质因数 Q、谐振频率 ω 都是重要的性能指标。本附录给出它们之间的关系。

设谐振子的振动规律为 $A\sin\omega t$,一个周期平均所具有的能量为 E,则

$$E = kA^2 \tag{A-1}$$

式中:k 为一个与谐振子有关的量。

如果 t_0 时刻谐振子开始作衰减振动,且衰减次数足够多,由品质因数 Q 值的定义可知:

第一个周期内谐振子消耗的能量为

$$C_1 = E/Q = kA^2/Q \tag{A-2}$$

第一个周期后,谐振子一个周期平均所具有的能力为

$$E_1 = E - C_1 = (1 - 1/Q)kA^2 \tag{A-3}$$

第二个周期内谐振子消耗的能量为

$$C_2 = E_1/Q = (1 - 1/Q)kA^2/Q \tag{A-4}$$

第二个周期后,谐振子一个周期平均所具有的能量为

$$E_2 = E_1 - C_2 = (1 - 1/Q)^2 kA^2 \tag{A-5}$$

第 N 个周期后,谐振子一个周期内平均所具有的能量为

$$E_N = (1 - 1/Q)^N kA^2 \tag{A-6}$$

如果从 t_0 开始,经过 N 个周期谐振子的振幅从 A 衰减为 Ae^{-1},则能量从 E

变为 Ee^{-2}，即有

$$\begin{cases} (1 - 1/Q)N = e^{-2} \\ T_c = N^T = N/\omega \end{cases} \quad (A - 7)$$

式中：T_c 即为谐振陀螺的时间常数；T 为谐振子振动的周期。

考虑到 $1/Q \ll 1$，由式（A-7）可得

$$\begin{cases} N = 2Q \\ T_c = 2Q/\omega \end{cases} \quad (A - 8)$$

式（A-8）表明：谐振子的"衰减次数"是其品质因数 Q 值的两倍；谐振子的时间常数（衰减时间）与 Q 值成正比，与谐振频率成反比。

利用式（A-8），根据表 1-3 列出的数据，可求得 HRG158、HRG130、HRG115 中谐振子的 Q 值分别为 2.241×10^6、1.144×10^6、5.5×10^5 它基本上与半球壳谐振子的半径成正比。

应当指出：利用式（A-8）计算时，T_c 的单位为 s，ω 的单位为 Hz。

附录 B
全息干涉度量法的基本原理

如附图 B-1 所示，$\boldsymbol{u}_0$、$\boldsymbol{u}_R$ 分别为物光波和参考光波，它们可以描述为

$$\begin{cases} \boldsymbol{u}_0 = u_0 \exp(-\mathrm{i}\Phi_0) \\ \boldsymbol{u}_R = u_R \exp(-\mathrm{i}\Phi_R) \end{cases} \quad (B-1)$$

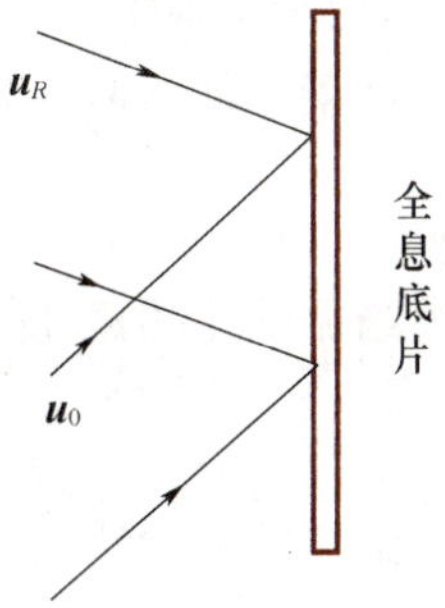

附图 B-1　全息成像图

则在全息底片上的光强分布为

$$\begin{aligned} I(x,y) &= |\boldsymbol{u}_R + \boldsymbol{u}_0|^2 \\ &= u_R^2 + u_0^2 + \boldsymbol{u}_R^* \boldsymbol{u}_0 + \boldsymbol{u}_R \boldsymbol{u}_0^* \end{aligned} \quad (B-2)$$

式中：$\boldsymbol{u}_0^*$ 、$\boldsymbol{u}_R^*$ 分别为 $\boldsymbol{u}_0$ 、$\boldsymbol{u}_R$ 的共扼光波。这样曝光出来的底片所具有的振幅透过率为

$$T(x,y) = \beta(u_R^2 + u_0^2 + \boldsymbol{u}_R^* \boldsymbol{u}_0 + \boldsymbol{u}_R \boldsymbol{u}_0^*) \quad (B-3)$$

当参考光波 $\boldsymbol{u}_R$ 作为再现光波，照在全息底片上时，其透过光波的复振幅为

$$\boldsymbol{u}_T = T(x,y)\boldsymbol{u}_R = \beta(u_R^2 + u_0^2)\boldsymbol{u}_R + \beta \boldsymbol{u}_R^2 \boldsymbol{u}_0 + \beta \boldsymbol{u}_R^2 \boldsymbol{u}_0^* \quad (B-4)$$

式中：第一项表示了经过底片衰减并透射的那部分再现波；第二项就是所希望得到的物光波 $\boldsymbol{u}_0$ 的复现量，它完全具有原物光波的相位分布，只是幅度有所不同；第三项是和共扼物光波成正比的光能。这样利用再现光波，通过全息底片

将看到物光波 u_0 ,这就是全息成像的基本原理。

如果在 t_1、t_2 两个时刻物光波分别为

$$\begin{cases} \boldsymbol{u}_1(x,y) = u_0(x,y)\exp(-\mathrm{i}\boldsymbol{\Phi}) \\ \boldsymbol{u}_2(x,y) = u_0(x,y)\exp(-\mathrm{i}\boldsymbol{\Phi}+\mathrm{i}\Delta\boldsymbol{\Phi}) \end{cases} \qquad (\mathrm{B}-5)$$

则再现物光波的复振幅与 $(\boldsymbol{u}_1+\boldsymbol{u}_2)$ 成正比,其光强正比于

$$I(x,y) = |\boldsymbol{u}_1(x,y)+\boldsymbol{u}_2(x,y)|^2 = 2u_0^2(x,y)(1+\cos\Delta\boldsymbol{\Phi}) \ (\mathrm{B}-6)$$

式(B-6)表明:所看到的是在物体光强分布 $u_0^2(x,y)$ 上,被 $(1+\cos\Delta\boldsymbol{\Phi})$ 所调制后的图案。明暗条纹分别对应着 $\Delta\boldsymbol{\Phi}$ 等于 π 的偶数倍和奇数倍的一些等值线。这就是两次曝光进行全息干涉的原理。用 SHQJ – I 型双脉冲激光器拍摄时属于这种情况。

用 He – Ne 激光器拍摄时,是用连续激光对振动体进行一次长时间的曝光,相当于是各瞬间曝光的时间平均效应。

如果振动体散射到全息图上的复振幅为

$$\boldsymbol{u} = u_0(x,y)\exp[\mathrm{i}\boldsymbol{\Phi}(x,y)] \qquad (\mathrm{B}-7)$$

当振动体的振动规律为

$$Z(x,y,t) = \boldsymbol{A}(x,y)\sin\omega t \qquad (\mathrm{B}-8)$$

由时间平均法理论可知其成像的光强分布正比于

$$I(x,y) = u_0^2(x,y)J_0^2(\rho) \qquad (\mathrm{B}-9)$$

式中

$$\rho = (\boldsymbol{k}_1-\boldsymbol{k}_2)\boldsymbol{A}(x,y) \qquad (\mathrm{B}-10)$$

式中: $\boldsymbol{k}_1$、$\boldsymbol{k}_2$ 分别为打在振动体上的入射光和反射光的波矢。

即所成的像被零阶贝赛尔函数 $J_0^2(\rho)$ 所调制。$J_0^2(\rho)$ 对应着一系列极值,在所成的像上就对应着亮条纹和暗条纹,它们表示 ρ 为常数的一些等值线。

$J_0^2(\rho)$ 具有附图 B-2 的曲线分布情况,可以看出:振动体的节点或零级条纹特别亮。因此特别容易识别。由上可知,成像的明暗条纹分别表示了相移以及振幅的一系列等值线。于是利用某点条纹的级次可以测量其相移或振幅。其测量精度为波长量级。

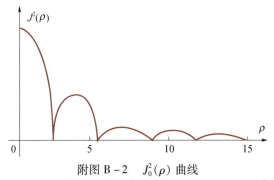

附图 B - 2　$J_0^2(\rho)$ 曲线

$J_0^2(\rho)$ 的零点为:$2.41,5.22,8.65,11.79,14.93,\cdots$

极值点为:$0,3.83,7.01,10.19,13.33,\cdots$

对应的极值分别为:$1,-0.403,0.300,-0.250,0.219,\cdots$

　　附图 B - 3 和附图 B - 4 分别给出了用 He - Ne 激光器进行静态实验的光路图和用双脉冲激光器进行动态实验的光路图。其中静态实验主要用来获取轴对称壳谐振子不旋转时的振动情况,动态实验主要用来获取轴对称壳谐振子绕中心轴旋转时其环向振型的进动特性。

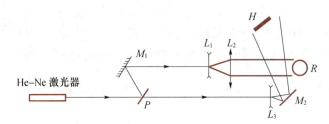

附图 B - 3　轴对称壳谐振子固有振动特性的实验光路图

P —分光镜;M_1、M_2 —全反镜　H —全息干板;L_1、L_2、L_3 —透镜;R —实验样件。

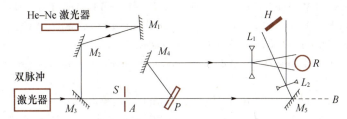

附图 B - 4　轴对称壳谐振子环向振型进动特性的实验光路图

$M_1 \sim M_5$ —全反镜;P —分束镜;L_1、L_2 —扩束镜;S —光栏;R —实验样件;H —全息干板。

参 考 文 献

［1］ Bryan G H. On the beats in the vibrations of a revolving cylinder or bell. Proc. Roy. Soc. London. 1890,47: 101 – 111.

［2］ Meredith F W. Control of equilibrium in flying insects. Nature, 1949,16374.

［3］ Meredith F W. Improvements in or relating to devices for detecting or measuring rates of turn. U. K. Prov. Patent Spec. 1942,12539/42.

［4］ Hwang C. Some experiments on the vibration of a hemispherical shell. J. App. Mech, 1966,33(4):817 – 824.

［5］ Flügge W. Stresses in shells. Springer-Verlag, Berlin, Germany, 1960.

［6］ Ross E W. Natural frequencies and mode shapes for axisymmetric vibration of deep spherical shells. J. App. Mech, 1965; 32: 553 – 561.

［7］ Linnett J A. Methods of using a vibratory system to measure small rates of turn. Journal of mechanical engineering science, 1969, 11(5).

［8］ Leissa A. Vibration of shells. NASA SP – 288,1973.

［9］ Klass P J. New angular rate sensors in production. AW&ST, Jan. 1975: 49 – 54.

［10］ Stiles J C. Vibrating ring gyro. U. S. Patent, 1975,No 3926475.

［11］ 北京大学固体力学教研室. 旋转壳的应力分析. 北京:水利电力出版社,1979.

［12］ Lin G-F. Analytical solutions for open nonshallow spherical shell vibrations. Sep. 1979, AD 74269.

［13］ Langdon R M. A Rotation rate sensor using a vibrating cylinder. Marconi Research Report, Mar. 1980,ITM 80/37.

［14］ Langdon R M. A sensor for detecting rotational movement. U. K. Patent GB 2061502.

［15］ Rao S S. The Finite Element Method in Engineering. Oxford, Pergamon,1982.

［16］ Scott W B. Delco makes low – cost gyro prototype. AW&ST Oct. 25th, 1982, 64 – 71.

［17］ Langdon R M. The Vibrating cylinder gyro. The Marconi Review, Fourth Quarter, 1982.

［18］ Loper E J, Lynch D D. Projected system performance based on recent HRG test results. IEEE. 5th Digital Avionics Systems Conferences, 1983.

［19］ Fox C H J, Hardie D J W. Vibratory gyroscopic sensors. Symposium on gyro technology, 1984, Stuttgart Germany.

［20］ Loper E J, Lynch D D. Hemispherical resonator gyro: status report and test results. Proceeding of the National Technical Meeting of the Institute of Navigation 17 – 19. Jan. 1984 at San Diego. CA.

［21］ Lynch D D. Hemispherical resonator gyro. IEEE Transtions on Aerospace and Electronic system. AES－20, No. 4, Jul. 1984.

[22] 任思聪,王博. 一种值得重视的新型陀螺仪——半球谐振子陀螺仪 HRG. 导航, 1985,(4):99－103.

[23] Журавлев В Ф, Климов Л М. Волновой твердотельный гироскон. М. Наука, 1985.

[24] Loper E J, Lynch D D, Stevenson K M. Projected performance of smaller hemispherical resonator gyro. IEEE 1986.

[25] Edward C L, Lennor L G, Patrick A T, et al. Hemispherical Resonator Gyro — An IRU for Cassini. Conference on Cassini/Huygens － A Mission to the Saturnian Systems, DENVER, CO, Aug. 05－06, 1996:299－310.

[26] Navid Yazdi, Farrokh Ayazi, Khalil Najafi. Micromachined Inertial Sensors. Proceedings Of The IEEE, Aug. 1998, 86(8):1640－1659.

[27] Leroy O T, Sid B, Cleon H B, et al. Proposed IEEE Coriolis Vibratory Gyro Standard and Other Inertial Sensor Standards. 2002:351－358.

[28] David M R. The Hemispherical Resonator Gyro: From Wineglass to the Planets. In: AAS/AIAA 19th Space Flight Mechanics Meeting, Savannah, GA, FEB 08－12, 2009: 1157－1178.

[29] 樊尚春. 压电激励双模态谐振筒压力传感器. 北京航空学院硕士学位论文, 1986,12.

[30] Fan shangchun, Liu guangyu, Wang zhenjun. Vibratory groscopic sensor for detecting angnlar velocity. International Symposium on Inertial Technology in Beijing, April, 1989 .

[31] 樊尚春. 谐振陀螺的研究. 北京航空航天大学博士学位论文,1990,1.

[32] 樊尚春,刘广玉,王振均. 轴对称壳谐振子振型进动的研究. 仪器仪表学报,1990,11 (2):153－159.

[33] 樊尚春,刘广玉,王振均. 变厚度轴对称壳谐振子振型进动的研究. 仪器仪表学报, 1991,12(4):421－426.

[34] Fan shangchun, Liu guangyu, Wang zhenjun. On flexural vibration of hemispherical shell. Applied Mathematics and Mechanics,1991,12(10):1023－1030.

[35] Fan shangchun, Liu guangyu, Wang zhenjun. On vibration of hemispherical shell by using finite element method. Applied Mathematics and Mechanics. 1991, 12(12):1169－1175.

[36] Fan shangchun, Liu guangyu, Wang zhenjun. Study on boundary construction of cylindrical shell as an angnlar velocity sensor. Proceedings of the first Asia/Pacific International Symposium on Instrument, Measurement and Automatic Control, Shanghai , 1991, 8:24－27.

[37] 樊尚春,刘广玉,王振均. 有缺陷半球壳振型进动的研究. 仪器仪表学报, 1992, 13 (1):55－61.

[38] Fan shangchun, Liu guangyu, Wang zhenjun. Theory and experiment onoperating principle of hemispherical resonator gyro. Proceedings of the 18th International Congress of Aeronautical Science, Washington, D. C. USA: American Institute of Aeronautics and Astronautics, Inc. , 1992,632 – 636.

[39] Fan shangchun, Liu guangyu, Wang zhenjun. Study on the precession of vibrating flawed cylinder shell. Chinese Journal of Aeronautics. 1993,6(2):115 – 121.

[40] 樊尚春,刘广玉. 半球谐振陀螺振子耦合振动的有限元分析. 仪器仪表学报,1995, 16(3):282 – 287.

[41] 樊尚春,刘广玉. 半球谐振陀螺振子耦合振动的近似分析. 北京航空航天大学学报,1997,23(6):708 – 713.

内 容 简 介

研究了轴对称壳体旋转时，其谐振频率以及哥氏效应引起的环向振型进动特性即谐振陀螺的测量原理。针对实现陀螺系统的不同特点，研究了"接触式"和"非接触式"两种典型的轴对称壳谐振陀螺系统实现的有关问题。

本书可供"仪器科学与技术"、"导航、制导与控制"、"惯性技术"等学科领域研究生、高年级本科生，以及工程技术人员参考。

The operation principle of the axisymmetric shell resonator gyroscopes is investigated. The frequency characteristics and precession characteristics of circumferential mode caused by Coriolis effect as the axisymmetric shell rotating in inertial space, are analyzed in detail. Based on the different feature of the contacting and the contactless resonator gyroscopes, some issues related to the realization of axisymmetric shell resonator gyroscopes system are discussed.

This book can offer reference for the advanced undergraduates, graduates and professionals in some disciplines and fields, such as the instrument science and technology, navigation guidance and control, inertial technology and etc.